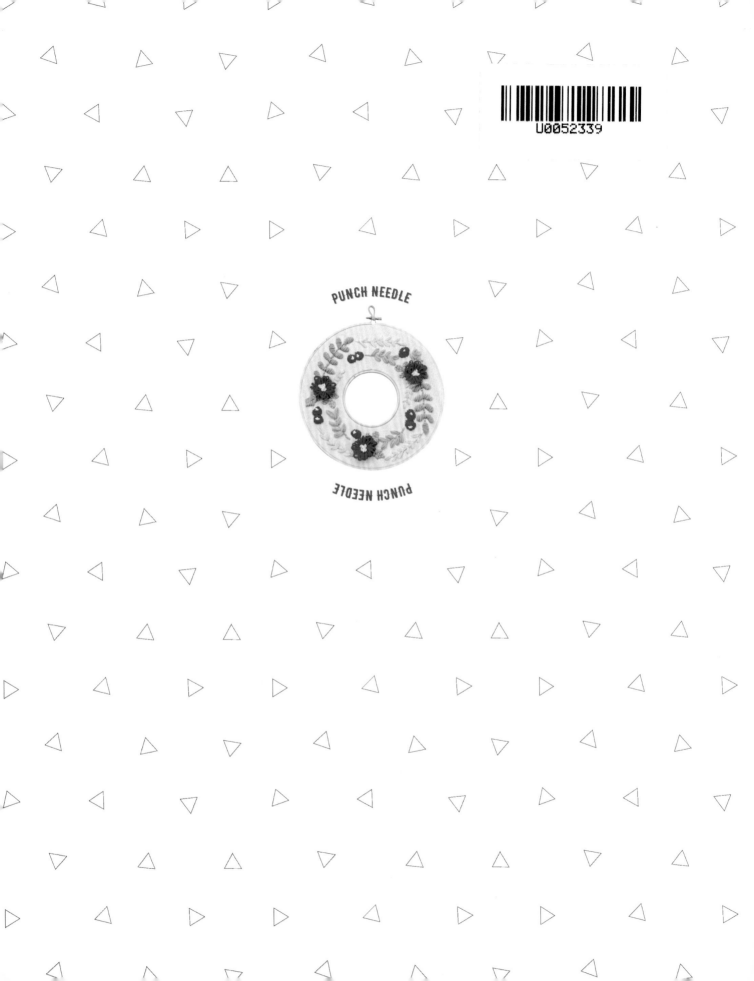

PUNCH NEEDLE

PUNCH NEEDLE

U0052339

# 俄羅斯刺繡 的 美感生活

用一枝筆型工具，自由創作
不思議繡畫＆裝飾小配件

diy
SCHOOL
handmade. space. fun.

DIY School 手作體驗◎著

# PREFACE

## 序

這不僅僅是一本介紹俄羅斯刺繡工具的書籍，
更是一場踏上生活之旅的體驗。

當你拿起這本書，或許內心會浮現一些疑慮：
「我不是一個手巧的人，可能做不好」、
「我做得不夠漂亮」，或者「我手殘……」等等。

但我們希望這本書傳達的是：

## 相信自己就是一種力量， 就是一種可能。

請把學習新事物視為一場冒險，保持好奇心；
從來就沒有所謂的出錯或失敗，
只有遇到需要解決的問題而已！

所以，你準備好要一起玩俄羅斯刺繡了嗎？

diy
SCHOOL
handmade. space. fun.

# Together is Better！
## ～ 一起玩才好玩 ～

## 陳思伶

**DIY School 手作體驗｜主理人**

「DIY School 手作體驗」成立於2006年，
期間與許多參與活動的同學慢慢變成了同好，
一起成長與分享生活體驗，
更與不同領域的手作講師合作超過百場體驗，
希望你們也可以透過手作認識我們，
一起享受生活的樂趣！

2023　精品品牌企業內訓
2023　KKday大型福委活動
2023　VOLVO香包贈品
2020　東森購物 × BT21 授權材料包設計製作
2019　Pop Up Asia 亞洲手創展 參展
2018　華敦集團品牌手作活動
2017　Pop Up Asia 亞洲手創展 參展
2015　SWAROVSKI CRYSTAL DESIGNER
2012　丹迪旅店 大安店【剪出好花漾】設計案

## Amy Weng　　其他專長：英國鈕扣編織

手作的過程，能讓自己沉浸其中、發掘自我，
完成時的成就感，尤其讓人開心。
喜歡送禮，親手做的禮品，
會讓受贈者覺得溫暖和受重視。

授課經歷：
2023.04　龍華科技大學
2022.03　信義房屋分店社區活動
2021.11　花蓮家扶幸福小舖內訓
2020.06　雲林科技大學

## 蔡金萍 Kimi　　其他專長：烘焙

將手作融入生活，
可以透過作品來表達喜怒哀樂，
更可以讓自己在過程中得到
療癒、自信、愉悅的感受。

授課經歷：
2023.12　亞東科技大學
2023.10　誠品新店裕隆城
2023.03　羅技電子股份有限公司
2022.11　台灣科教館

## 黃瑤瑤 Yoyo　　其他專長：繪畫藝術陪伴

自我暗示的力量無比強大。
我們藉由藝術陪伴自己，透過手作體現自己。
在過程中體會感受，尋找自信與成就感。
一起創造相信自己可以的力量。

授課經歷：
2023.08　FENDI企業內訓
2023.07　DIOR企業內訓
2022.12　誠品生活
2022.08　梵克雅寶企業內訓

DIY School 手作體驗官網

# CONTENT !

# Chapter 3

一針一線
體會俄羅斯刺繡的創作樂趣 P.60

手作不僅是創造藝術品的旅程，更是一段認識自己的心靈探索。
從人類圖作品開始到搭羅牌卡、居家裝飾畫，我們在每一針每一
線中獲得平靜與成長。這些作品就像一片一片拼圖，讓手作人的
生活空間充滿愛與溫暖的力量，更為生活注入了美好。

# Chapter 1

刺 繡 與 生 活 的 美 麗 關 係

PUNCH NEEDLE IN MY LIFE

PUNCH NEEDLE
no.

# 01

## 探索我的人類圖

How to make : P.62

人類圖好比生命的導航，其中儲存了個人的天賦、特點和生命的挑戰。透過個人的出生日期和時間，可從中了解到自己是多麼的獨一無二，因為在這世界上沒有人跟你擁有相同的使用手冊。

如果你不知道自己的出生時間，也可以透過「戶政事務所」取得正確的資訊。人類圖像是你人生旅程的指南，透過解讀，你將會發現並探索出屬於自己的人生藍圖！

搜尋關鍵字：人類圖→即可找到並計算出自己的資料

10

在完成的人類圖上，
也繡上自己的英文名吧！

# PUNCH NEEDLE
## no.
# 02
### 塔羅系列－太陽

How to make : P.65

當生命遇到轉彎處時，塔羅牌成為了神祕的導航，提供生活中許多可能的指引。每一張牌都蘊含著智慧和神祕，引導我們思考與獲得啟發。

太陽牌代表光明、快樂、成功和幸福。它通常被視為具有許多正向特質和含義。當它出現在塔羅牌閱讀中，通常是一個極為正面的徵兆，鼓勵你享受生活並追求你的目標。

# 03

## 專屬於你的密碼

每一個人都是特別的，每一個人都是宇宙中特殊的存在，
不管是文字或數字學，都可以幫助我們更深入地了解自
己，並探索宇宙給予的獨特禮物和挑戰。

每一個人都值得被理解，並在這個宇宙中找到自己的位
置。排排看屬於你自己的密碼吧～

**How to make : P.68**

PUNCH NEEDLE
no.

# 04

天使花園杯墊

你是否經常遇到連續出現的數字？有人相信這可能是一種天使的信息！這可能象徵著天使們正在向你傳達訊息，提醒你身邊充滿了五光十色的花園、淡淡的花香和鳥兒悅耳的鳴叫，這一切都在你身旁等待著你的發現。

How to make : P.74

PUNCH NEEDLE
no.

# 05
## 聖誕花圈

每當想念的節日來臨，
我都會在城堡中
專心製作一個獨一無二的聖誕花圈，
將祝福繡進這份禮物中，
希望當你們掛起花圈時，
能感受並擁有滿滿的暖意。

How to make : P.77

▼紅×藍・異色款

# PUNCH NEEDLE
## no.
# 06
### 嬌嬌女王手提包

嬌嬌女王在自己美麗的外表下，擁有
著超凡的智慧與一絲驕傲的個性。這
種驕傲，是來自以自己的王國為榮與
堅定生活態度的信仰。

閉上眼睛，她正在品嚐美好的生活～

雙面設計的包包，
表現女王的多變
與生活的多采多姿。

How to make : P.80

暖暖小配飾

或許是因為季節轉冷，或者距離遙遠，
我們不能常常相聚。但我有你送的外
套，搭配著我的毛衣，再加上裝滿愛的
包包與你親手繡的帽子，彷彿你就在我
身邊一樣溫暖。

a.溫暖的手繡帽
b.我的毛衣
c.你送的外套
d.裝滿愛的包包

How to make : P.85

23

PUNCH NEEDLE
no.

# 08

## 沖浪裏富士山

總是渴望將那些難以忘懷的風景永久鎖在記憶中。富士山的壯麗之美不容錯過，每個角度都值得紀錄。因此，不僅在正面，還在側面、左邊和右邊盡可能地捕捉這壯觀景色的每一刻，以留下深刻的回憶。

How to make : P.90

PUNCH NEEDLE
no.

# 09

葛飾北齋
神奈川沖浪裏

葛飾北齋的《神奈川沖浪裏》被視為浮世繪的經典之一，不僅因為它的壯觀和藝術價值，還因為它傳遞了一種哲學意味，強調人類與自然的關係。這幅畫象徵著生命的脆弱，並提醒我們在自然力量面前的謙卑。

How to make : P.90

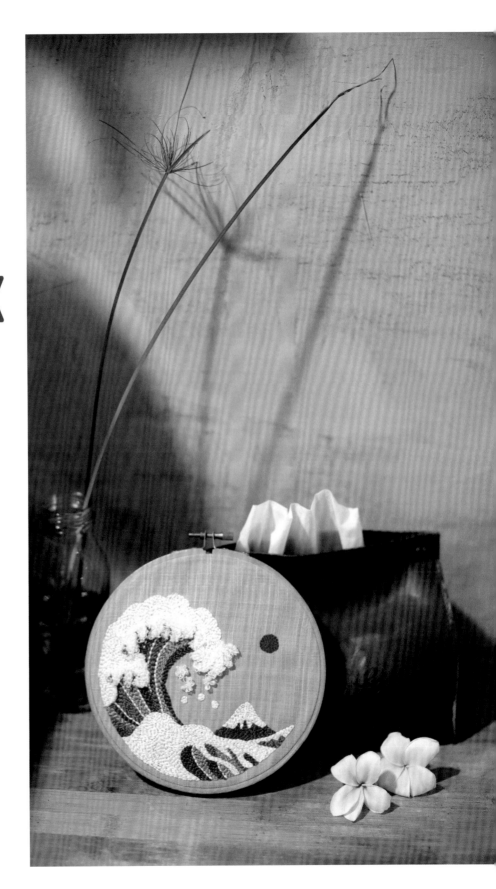

PUNCH NEEDLE
no.
# 10
## 森林谷精靈

在小後院裡隱身著一群森林谷精靈，他們是大自然的守護者，總是保護著這片美麗的小叢林。這些谷精靈每天忙碌地照料著花草樹木，確保它們茂盛生長。

精靈們總是輕輕地哼著歌曲，鼓勵植物跟著陽光擺動，他們的努力讓這個小後院成為一個充滿生命力和魔法的地方！

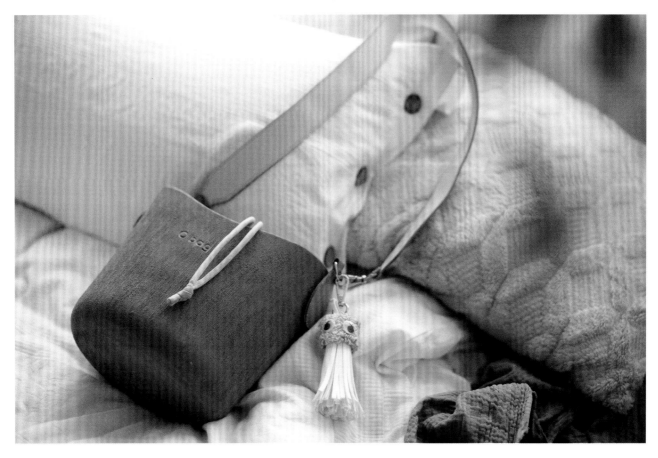

How to make : P.91

no.11    How to make : P.94
no.12    How to make : P.97

PUNCH NEEDLE
no.

# 11

小後院
西瓜皮椒草

PUNCH NEEDLE
no.

# 12

小後院
彩葉芋

小後院裡，有一株一株可愛的盆栽，
有如小綠寶石般點綴著這個和諧的綠洲；
在陽光下，靜靜地與這場大自然的盛宴共舞。
他們每一株都有著自己獨特的魅力，
有些如迷你叢林，有些像小仙境。

這些盆栽是一種對自然的愛和敬仰，
他們在小後院裡創造了一個令人陶醉的角落。

PUNCH NEEDLE
no.

# 13

小後院
陽光向日葵

張開花瓣迎著陽光的向日葵，
總是微笑著展示她對生命的熱愛。

她了解自己的獨特——
積極、熱情，讓生活豐富多采。

How to make : P.98

PUNCH NEEDLE
no.

# 14

梵谷的向日葵

How to make : P.101

向陽而生的向日葵，
因光、影變化，繪上生動的速寫之美。

梵谷的向日葵系列代表了他對
自然和色彩的熱愛，在這些畫
作中的花朵顯示出多種不同的
表情，有的盛開，有的凋謝，
呈現出生命的循環。透過隨意
搭配向日葵花朵的設計，我們
跟著梵谷一起感受其奧祕吧！

這是一段美好的刺繡旅程，隨著自己的心之所向讓每一步都值得珍惜。

每一天、每一次、每一針，都要慶祝自己的微小進步，因為那正是前進的證明。即便遇到問題，也要記得堅信自己的能力——相信自己能夠完成、不害怕出錯；跟著我們一步一步悠然前行，就能創作出屬於自己的作品。

How to make : P.104

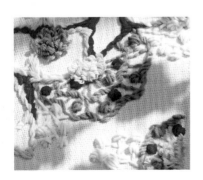

俄羅斯刺繡（Punch Needle）是一種用筆型工具就能玩出刺繡的手作，她的起源已不可考，在許多地區也都有出現類似用打孔針戳洞刺繡的作法流傳。有一種說法是起源於中世紀的歐洲，而在中國則被稱為墩繡，民間俗稱墩花、戳繡或戳花，是中國北方的一種刺繡技法。

有趣的是，俄羅斯刺繡不僅不需要打結，而且能夠快速地繡製圖案。她與傳統的手工刺繡相輔相成，還可以結合多種媒材，使現代刺繡作品更加多元化！

接下來，從基礎開始上手，讓我們一起探索俄羅斯刺繡的小宇宙吧～

# Chapter 2

探 索 俄 羅 斯 刺 繡 的 小 宇 宙

ABOUT PUNCH NEEDLE

① 俄羅斯刺繡工具
　◆毛線刺繡針組
　　含穿線片、4個墊片
　◆繡線刺繡針組
　　含穿線片、三種針：
　　001細針
　　002中針
　　003粗針
　◆修補針

② 繡框
　4吋、6吋、7吋、10吋繡框

③ 橡皮筋

④ 雙面膠

⑤ 紙膠帶

⑥ 夾子
　也可以使用長尾夾

⑦ 大頭針

⑧ 手縫針
　一般手縫針、塑膠手縫針

⑨ 剪刀
　布剪、線剪
　可額外準備尖嘴鉗

⑩ 圓規

⑪ 鉛筆

⑫ 直尺
　15cm短尺、30cm長尺

⑬ 熨斗

⑭ B7000萬用膠

⑮ 白膠

⑯ 透明PPT袋

⑰ 單面複寫紙
　A4、155×100mm

⑱ 便條紙

⑲ 牙籤

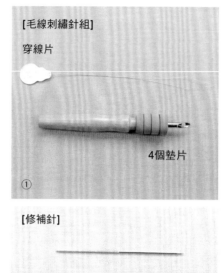

[毛線刺繡針組]

穿線片

4個墊片

①

【修補針】

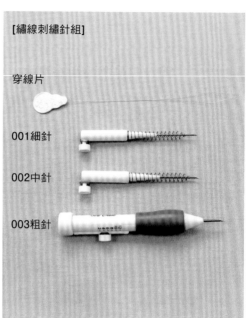

[繡線刺繡針組]

穿線片

001細針

002中針

003粗針

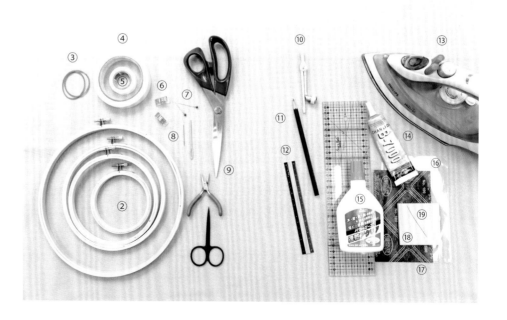

# 材料

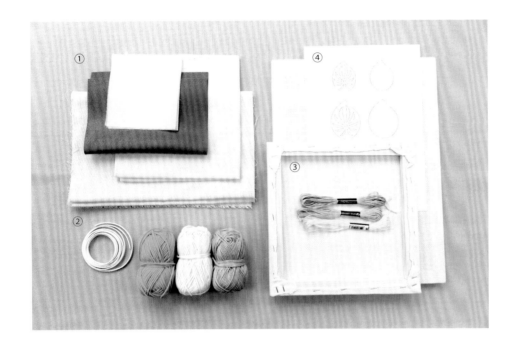

① **布料**
  毛線用十字繡布料
  繡線用胚布料
  硬質不織布
  薄布襯

② **線材**
  麂皮繩（寬0.5cm）
  毛線（4-5股）
  繡線（6股）
  手縫線（可使用一股繡線）

③ **布框**

④ **圖稿**

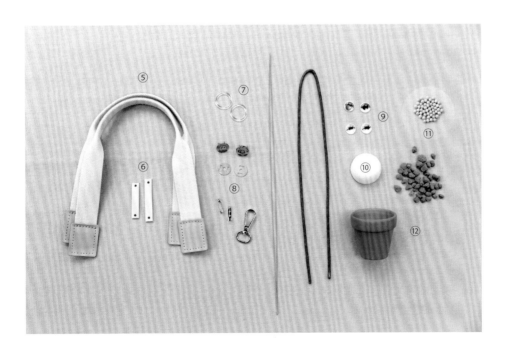

⑤ **手提織帶**

⑥ **皮革條**

⑦ **塑膠環**（直徑25mm）

⑧ **五金零件**
  插入式磁鈕
  別針（寬2cm）
  鑰匙圈
  鐵絲（#20、#2）

⑨ **眼神貼紙**

⑩ **保麗龍球**（直徑4.2cm）

⑪ **彩色陶粒**（5-6mm）
  可自由選擇土塊粒、
  彩色球粒

⑫ **陶盆**
  標準盆：
  盆寬6.5×高6×底徑4cm

## 【 LESSON 1 俄羅斯刺繡工具組－穿針線 】

A 毛線刺繡針穿線

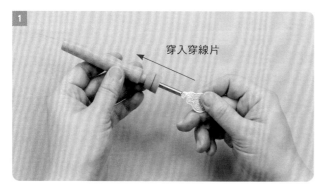

穿入穿線片

將穿線片由刺繡針的斜口,穿入刺繡針針管,直至頂端。

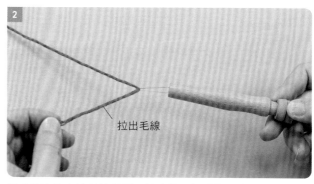

拉出毛線

把毛線穿入穿線片的線圈,拉出約一根手指長度。

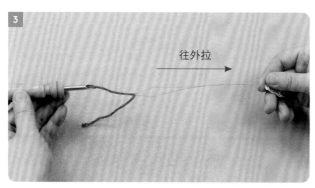

往外拉

將穿線片的鋁片往外拉出,直到看到線頭,把毛線與穿線片分開。

毛線穿過穿線片線圈

在刺繡針針眼處,將穿線片由針管外往斜口方向穿入,再將毛線穿入線圈中。

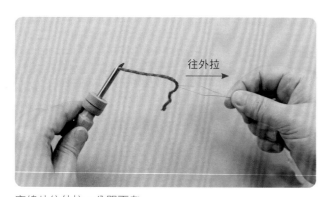

往外拉

穿線片往外拉,分開兩者。

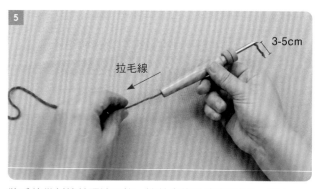

3-5cm

拉毛線

將毛線從刺繡針頂端回拉,讓針尖的毛線剩下3-5cm左右。

**B** 繡線刺繡針

**①**
**穿線**

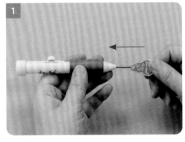

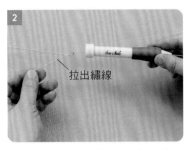
拉出繡線

往外拉出

將穿線片由刺繡針的斜口穿入，直至穿出刺繡針針管頂端。

繡線穿過穿線片的線圈，拉出約一根手指長度。

將穿線片的鋁片往外拉出，直到看到線頭後，分開繡線與穿線片。

繡線穿過穿線片線圈

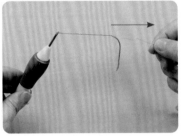

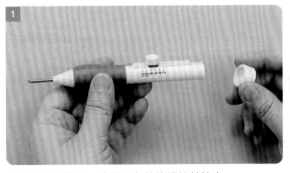
3-5cm
拉繡線

在刺繡針針眼處，將穿線片由針管外往斜口方向穿入。再將繡線穿入線圈中，穿線片往外拉，分開兩者。

將繡線從刺繡針頂端回拉，讓針尖的繡線剩下**3-5cm**左右，完成。

**②**
**換針**

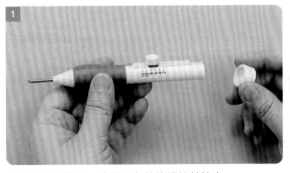

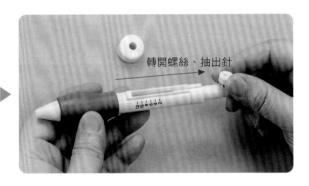
轉開螺絲、抽出針

打開刺繡針蓋子，轉開原有針的螺絲並抽出。

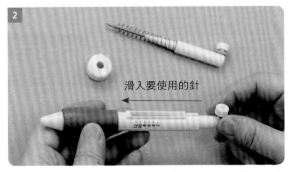
滑入要使用的針

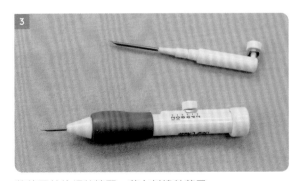

將要使用的針換入刺繡針管中，使用針的鐵片沿著溝槽滑入。

將使用針的螺絲轉緊，蓋上刺繡針蓋子。

# 【 LESSON 2　俄羅斯刺繡針法 】

※在此使用毛線刺繡針／2個墊片，進行示範。

## A　起針

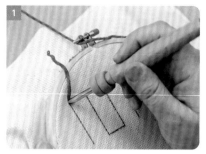
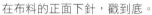

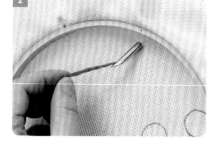

在布料的正面下針，戳到底。

翻到背面，拉出線頭約3-5cm。

## B　剪線

拉線1.5cm

刺繡完成後，翻到布料背面，在靠近針眼處將線多拉出1.5cm，以剪刀剪去多餘的線。

## C　基礎針法

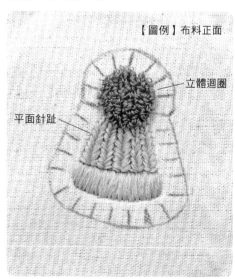

【圖例】布料正面

立體迴圈

平面針趾

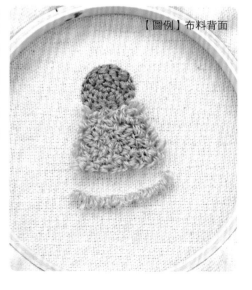

【圖例】布料背面

### MEMO

俄羅斯刺繡的特色在於刺繡完成後，會在正、反兩面呈現不同針趾表現的模樣。請視圖案設計，在布料正面或反面起針刺繡。

練習布

針法圖完成！

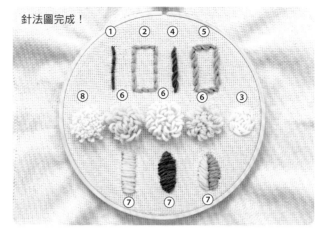

●想在布料正面留下【平面針趾】（如以上針法圖①②③④⑤⑦），需從布料正面起針刺繡。
●想在布料正面留下【立體迴圈】（如以上針法圖⑥⑧），需從布料背面起針刺繡。

※開始正式繡製作品前，你也可以依以上【練習布】作法，繃繡框＆畫上練習線後，先熟悉針法。

① 平針繡

 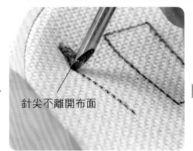 

針尖不離開布面

在正面起針後，針尖拉起至貼著布面，斜口朝想要前進的方向，移動約0.7cm的針距下針（運針時，針尖都不拉離布面）。

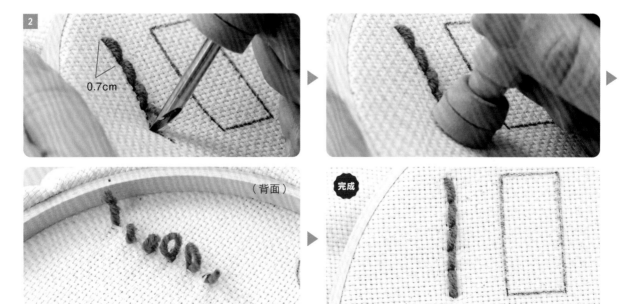

0.7cm

（背面）

完成

沿著圖案的線條運針戳刺（每一針都要戳到底），繡完直線後，在背面剪線。

**② 以平針繡做矩形**

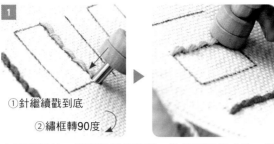

①針繼續戳到底

②繡框轉90度

在正面起針，以平針繡繡直線，進行至轉彎處時，刺繡針插在布料上，旋轉繡框90度。

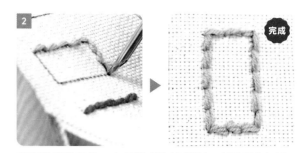

重複繼續繡直線、在轉彎處旋轉繡框，直到繡完矩形。

**③ 以平針繡填滿圖形**

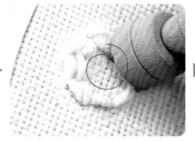

在正面起針，沿著圖案線條由外到內繞圈，直到繡完圖形。

**④ 輪廓繡**

針距0.7cm

運針方向

斜口朝向

（側視圖）

在正面起針後，先前進一針，針距約0.7cm。
※注意：刺繡針斜口與前進方向呈90度，方便一前一後移動。

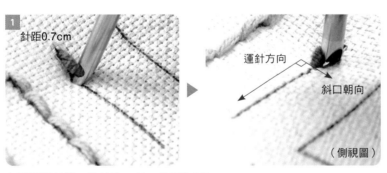

後退半針。

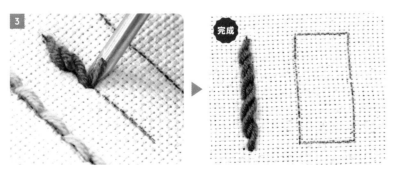

重複Step 1 - 2，直到繡完直線。

44

**5**

**以輪廓繡做矩形**

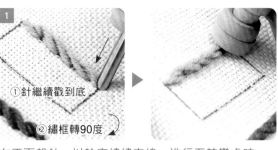

①針繼續戳到底
②繡框轉90度

在正面起針，以輪廓繡繡直線，進行至轉彎處時，刺繡針插在布料上，旋轉繡框90度。

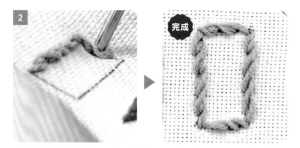

完成

重複繼續繡直線、在轉彎處旋轉繡框，直到繡完矩形。

**6**

**立體繡**

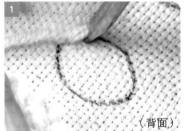

（背面）

在布料的背面起針，並以手壓住線頭，使線頭留在背面。

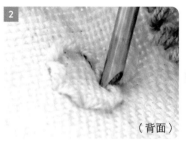

（背面）　　　　　　（背面）

針距縮短至約0.5cm（縮短針距可使毛線更扎實），沿著圖案線條由外到內繞繡平針繡。

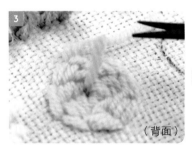

（背面）

繡滿圖形後剪線。

完成　　　　　　　　（正面）

---

## MEMO

依作品需求，也可以變化墊片數量，作出不同高度的立體繡迴圈。

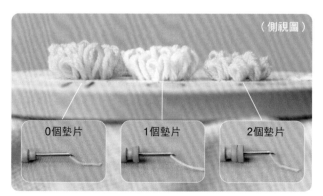

（側視圖）

0個墊片　　1個墊片　　2個墊片

▲使用【0個墊片】迴圈的高度　▲使用【1個墊片】迴圈的高度　▲使用【2個墊片】迴圈的高度

⑦

綴面繡──a平行填滿

在布料的正面起針後，刺繡針針尖的斜口朝下，刺繡針左右移動距離約0.7-1cm。

重複相同繡法，直到填滿面積後剪線。

⑦

綴面繡──b斜向填滿

在布料的正面起針後，針尖的斜口朝下，刺繡針依傾斜方向移動，針距隨圖形有長短變化。

重複相同繡法，直到填滿面積後剪線。

**7** 緞面繡——C葉形填滿

在布料的正面起針後，先用斜向填滿繡葉子一邊後，剪線。

改變傾斜方向，繡滿剩下的半邊後，剪線即完成。

**8** 毛海繡

在布料的背面起針，先完成立體繡，再將立體繡的迴圈一一剪開。

修剪成想要的長度及形狀。

**D** 進階針法

練習布

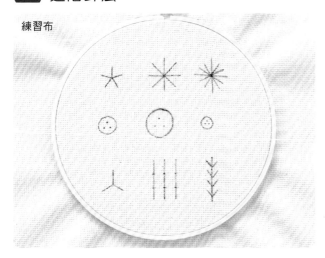

針法圖完成！

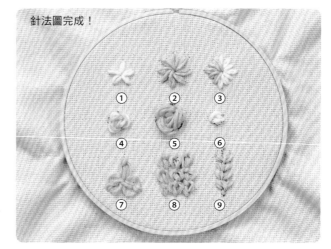

① ② ③
④ ⑤ ⑥
⑦ ⑧ ⑨

**①**

**減針米字繡**

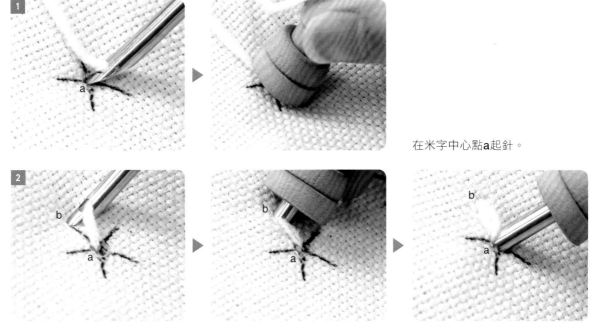

**1**　在米字中心點**a**起針。

**2**　往**b**下一針，回到中心點**a**下針。

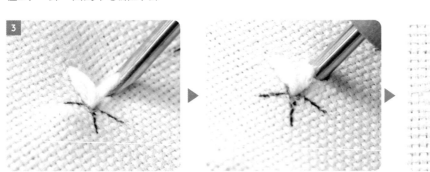

**3** 完成

重複Step **2** 以順時針方向進行刺繡，完成。

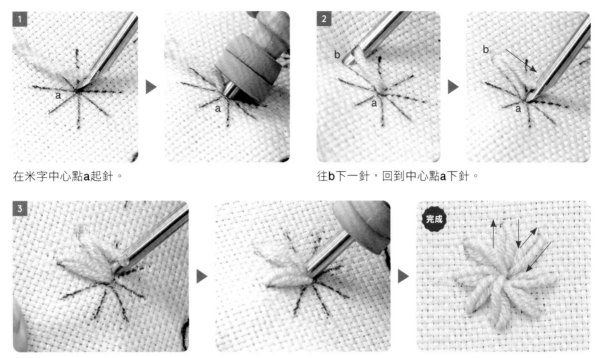

在米字中心點a起針。　　　　　　　　　　往b下一針，回到中心點a下針。

重複Step **2** 以順時針方向進行刺繡。

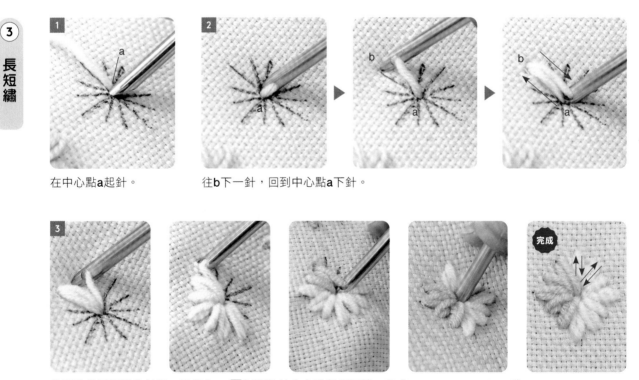

在中心點a起針。　　　往b下一針，回到中心點a下針。

依圖稿的長短變化針距，重複Step **2** 以順時針方向進行長短繡，完成。

④
結粒繡

在a點起針、b點下針，距離為結粒繡大約直徑。

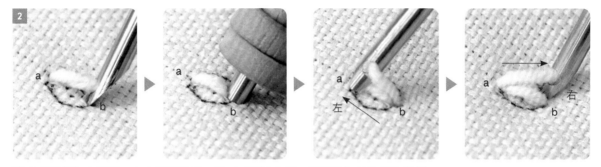

將ab線段視為水平線，左右來回刺繡。從a左側到b右側，距離仍為結粒繡的直徑。

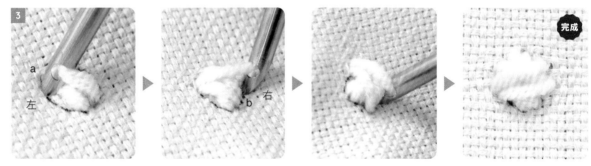

重複Step 2 2-3次，使線重疊產生厚度。

⑤
玫瑰繡

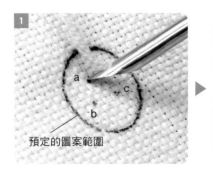

在a點起針，依序往b、c點進行刺繡。

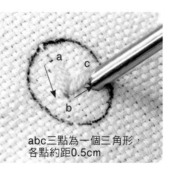

abc三點為一個三角形，各點約距0.5cm

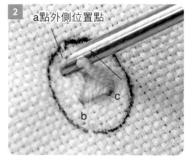

繼續移動在a點外側下針。

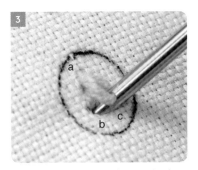

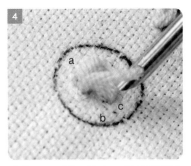

刺繡針往上拉離開布面，拉出一段約可覆蓋ab的線長，在b點外側下針。

重複Step 3，拉出一段約可覆蓋bc的線長，在c點外側下針。

重複Step 3，拉出一段約可覆蓋ca的線長，在a點外側下針。

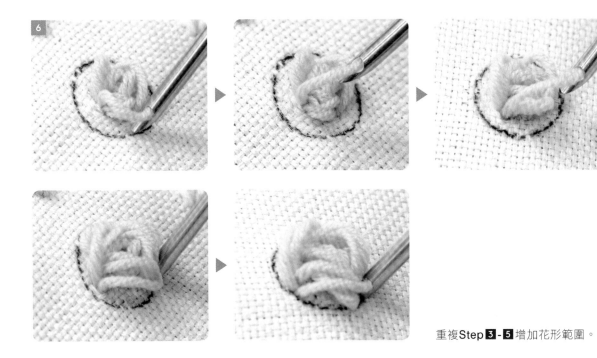

重複Step 3 - 5 增加花形範圍。

用手撥整花形。

完成

**6**

**雙色玫瑰繡**

**1**

abc三點為一個三角形，
各點約距0.5cm

使用一個墊片及雙色線，在a點起針依序往b、c點進行刺繡。

**2**

a點外側位置點

繼續移動在a點外側下針。

**3**

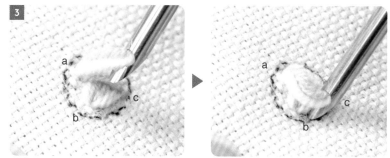

刺繡針往上拉離開布面，拉出一段約可覆蓋ab的線長，在b點外側下針。

**4**

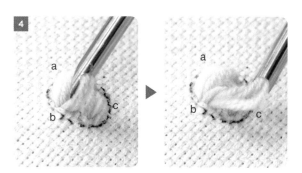

重複Step **3**，拉出一段約可覆蓋bc的線長，在c點外側下針。

**5**

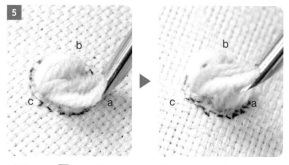

重複Step **3**，拉出一段約可覆蓋ca的線長，在a點外側下針。

**6**

重複Step **3**-**5** 增加花形範圍。

**7**

用手撥整花形。

完成

**雛菊繡**

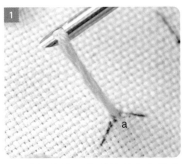
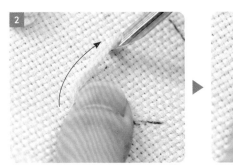

在**a**點起針後，將刺繡針往上拉離開布面，使線拉出一段長度。

拇指輕按，使線產生一個迴圈，回到**a**點下針。

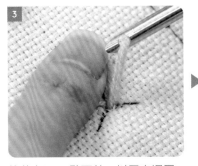
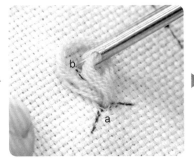
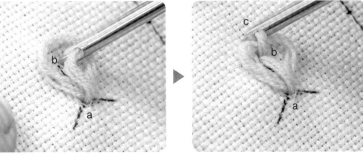

接著在**b**、**c**點下針，以固定迴圈。

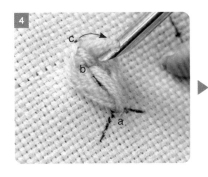

回到**b**點下針，再到**a**點，完成一片雛菊花瓣。

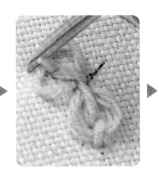

重複Step **1**-**4**，依順時針進行刺繡。

(8)

莓果繡

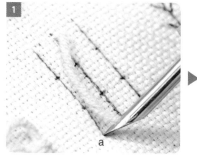

在a點起針。

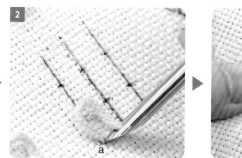

刺繡針往上拉離開布面，使線拉出一段長度，以拇指輕按使線產生一個迴圈，回到a點下針。

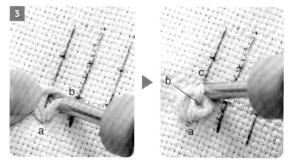

接著在b、c點下針，以固定迴圈。

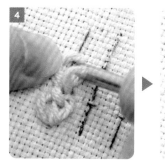

重複Step **1**-**3**2次，以3個迴圈為1串。

相鄰圖案也重複相同繡法。

(9)

枝葉繡

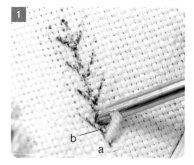

在a點起針，往前在b點下針。
※起針位置也可自訂，斜口朝
　前進方向。

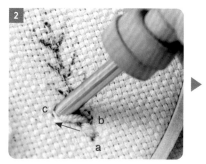

從b點往左前方c點下針，回到b點。

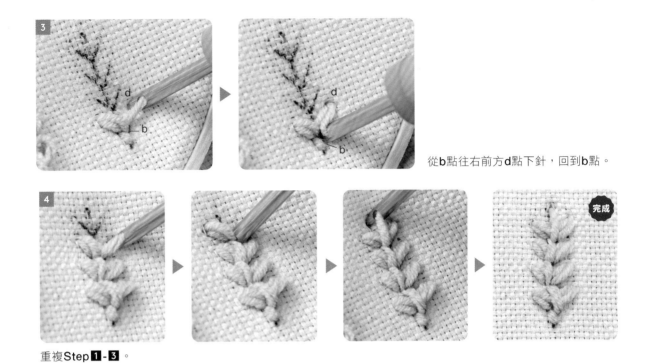

從**b**點往右前方**d**點下針，回到**b**點。

重複Step **1**-**3**。

**E** 繡錯、不滿意時的拆線重繡

將不滿意的繡線拉起。

手指在背面輕推、整理布面，使針孔復原收合。

**F** 作品完成後，發現脫線的修補

以修補針將脫線的線條
拉平。

在原本應該下針的地方，
把修補針壓在線上後，壓
下去。

從布的背面，轉動修補針並拉出，完成修補。

## 【 LESSON 3　拓圖 】

**1** 在正面拓圖。以紙膠帶將圖稿固定在布料上，再把複寫紙（有字面朝上）放入兩者之間。
※定位後不要再移動，以免弄髒布面。

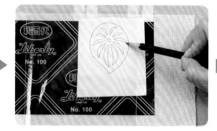

將透明PPT袋放在圖稿上，以鉛筆描繪線條。
※放置透明PPT袋，可保護圖稿不被畫破。

先描畫部分線條，測試拓圖是否清晰。翻開布料正面檢查是否有拓出線條，若不明顯，需再用力描圖。

**2** 在背面拓圖。以紙膠帶將圖稿固定在布料上，再把複寫紙（有字面朝下）放到布料下。

將透明PPT袋放在圖稿上，以鉛筆描繪立體繡、毛海繡區塊的線條。

圖稿全部描完，確認內容無遺漏，即可移開圖稿及複寫紙。

## 【 LESSON 4　繃繡框 】

**1** 剪尺寸大於繡框至少**3-5cm**的布料。

**2** 以慣用手將繡框的螺絲轉鬆，使內外框分開。

**3** 布料四周須超出內框

可參考此繡框的螺絲位置

將布料整平置中放在內框上。將外框些微拉開，套在放布料的內框外。

**4** 將布料再次整平後轉緊螺絲，轉緊時可輕拉布料外圍，讓布料更緊繃。

OK！

太鬆軟了，NG！

用手指輕按布面檢查鬆緊。如果過於鬆軟沒有彈性，需再繃緊一點。
※若刺繡過程發現布料鬆軟不緊繃，可重複繃繡框作法Step **4** - **5** 。

## 【 LESSON 5　抽繡線 】

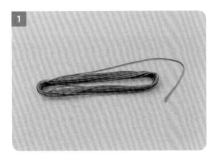

找出整束繡線的線頭。

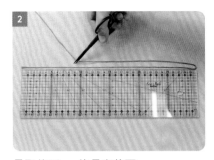

量取約50cm的長度剪下。

注意：
要一股一股拉，
才不會打結。

因一束繡線有多股線，將整束繡線用一手固定好、鬆開線頭的各股線後，另一手抽出一股繡線，慢慢地往上拉出來。

## 【 LESSON 6　手縫針穿線打結 】

將單線穿過針孔，再拿起線尾2條線對齊。

線尾放在食指上，再將手縫針壓在線上，線與針呈十字。

線繞針

左手按住線尾及針，另一手抓線以順時鐘方向繞針2-3圈，再用大拇指將繞完的線圈集中壓到食指指尖形成結粒

左手拇指、食指捏住結粒，右手按住針尖。

右手往上抽出手縫針，將線拉到底。

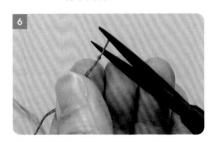

形成線結後，剪去線頭多餘的線。

# 【 LESSON 7 手縫針法 】

## A 平針縫

（正面）

0.3cm

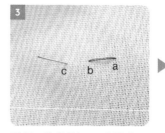

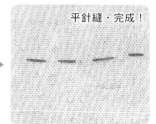

平針縫·完成！

從背面穿往正面，起第1針a。

從a往前移動約0.3cm到b入針。

再從b移動到c，手縫針一上一下，向前推進。

重複Step **1**-**3**。

## B 半迴針縫

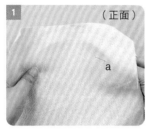

（正面）

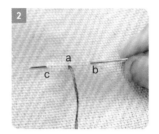

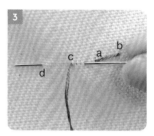

半迴針縫·完成！

從背面穿往正面，起第1針a。

正面b點入針，再往前在c出針。

往回在a旁入針、穿往d出針。

重複Step **1**-**3**。

## C 藏針縫 ※針距視作品而定。

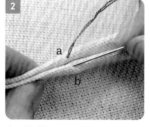

對齊兩片布，在單側布料摺份中間入針，將線頭藏起來，再往摺邊a點出針。

在a的對面b入針。

從b平行往前移動，在c出針。

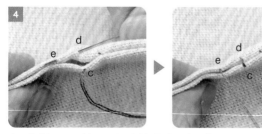

在c的對面d入針。平行往前移動，在e出針。

拉緊線，兩片布就會密合，看不到縫線。

重複Step **2**-**4**縫合兩片布後，將手縫針靠在收尾位置，線繞針2-3圈。

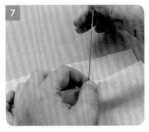

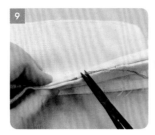

藏針縫・完成！

拇指用力將線圈移向最後的
出針位置，抽出手縫針。

將針往後多縫一針，藏起
線頭。

剪掉多餘的線。

## ⒟ 捲邊縫

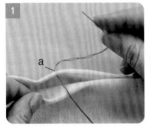

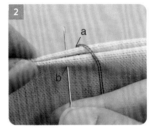

對齊兩片布，在單側布料摺份中間入針，將線頭藏起來，
再往外側布邊a點出針。

從a繞到b出針，同時刺穿兩片布後，拉緊縫線。

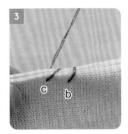

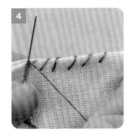

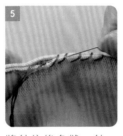

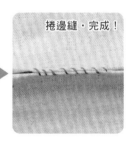

捲邊縫・完成！

從c入針，同時刺穿兩
片布，拉緊縫線。

重複Step **2** - **3**，縫合
兩片布。將手縫針靠
在收尾位置，用線繞
針2-3圈，打結固定。

將針往後多縫一針，
藏起線頭。

剪掉多餘的線。

## ⒠ 結尾的打結

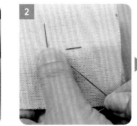

收尾打結・完成！

將手縫針靠在收尾位置，線繞針2-3圈。

拇指固定線圈，另一隻手抽出手縫針，剪斷縫線。

「真的不用打結嗎？」

「這個刺繡方式好神奇！」

「好舒壓～好療癒喔～」

這些驚嘆聲總是在繡製的過程中此起彼落，

這不僅是一種手作樂趣，

更是一種情緒釋放和生活儀式感的提升。

※作法頁的基本技巧（拓圖、繃繡框……等）及針法，皆請參照Chapter 2。
※部分作品無提供原寸紙型，請依步驟作法自行繪圖或自由創作。
※作品的原寸紙型已標示建議針法、顏色，若想自由變化也OK。
※毛線刺繡處，若無特別標示，皆使用1條毛線。

# Chapter 3

一 針 一 線　HOW TO MAKE

體 會 俄 羅 斯 刺 繡 的 創 作 樂 趣

# 探索我的人類圖

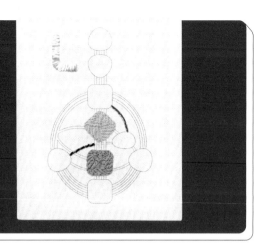

**[使用材料]**
毛線用十字繡布料、各色毛線、
30×40cm布框、圖稿

**[使用工具]**
毛線刺繡針組、
塑膠手縫針

**進行
主圖刺繡**

完成拓圖,並備好毛線刺繡針。

主圖使用2個墊片·
單色(1條)毛線

依自己的人類圖圖稿,取色塊相對應的毛線顏
色,以平針繡由外到內繞圈填滿,繡出有色塊
的地方。

大色塊完成。

線條部分也取相對應的毛
線顏色,以平針繡繡出有
顏色的線段。

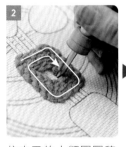

穿入1條毛線

4入
2入
5出
3出
1出

線條中的小線段,改將塑膠手縫針穿入相對應的毛線顏
色,為線段加上環繞線條。

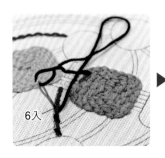

6入

線段完成。

**加上
英文字母**

人類圖繡上色彩後,在空
白空間取自己喜歡的位
置,繡上自己的姓名縮寫
或英文名吧!

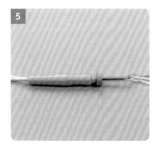

毛線刺繡針使用1個墊片,
穿入3條不同顏色的毛線。

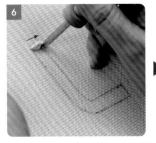 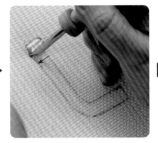  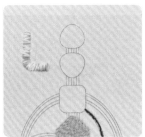

在此以字母**L**作示範。拓圖後，以緞面繡填滿。

**PUNCH NEEDLE**
**英文字母繡圖**　在此提供了所有英文字母的設計繡圖，除了可直接參考，將繡法自由變化應用於不同字母也**OK**。

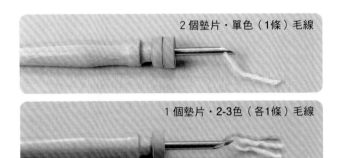

2個墊片・單色（1條）毛線

1個墊片・2-3色（各1條）毛線

🔻 **MEMO**
● 以下示範作品皆使用毛線刺繡針。
● 若無特別註明，皆使用2個墊片，穿入單色（1條）毛線。
● 部分使用1個墊片，穿入2-3色（各1條）毛線。
● 毛線顏色可參考作品圖配色，或選用自己喜歡的顏色。

以下紙型（含針法＋配色）請見紙型**A**面

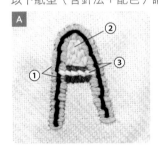 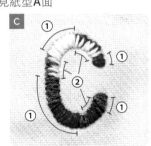 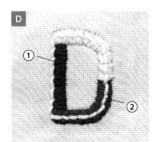 

①緞面繡填滿
②平針繡填滿
③疊加平針繡

①緞面繡填滿
②緞面繡填滿／1個墊片・
　2色毛線

①緞面繡填滿
②疊加平針繡

依區塊顏色，平針繡填滿

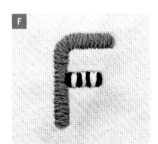 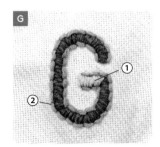  

依區塊顏色，緞面繡填滿

①緞面繡填滿
②平針繡外框一圈

依區塊顏色，平針繡填滿

依區塊顏色，緞面繡填滿

緞面繡填滿／
1個墊片・3色毛線

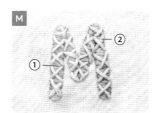

①緞面繡填滿
②疊加平針繡

①緞面繡填滿
②平針繡填滿

依區塊顏色，緞面繡填滿

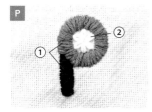

①緞面繡填滿
②減針米字繡

①緞面繡填滿
②減針米字繡
③平針繡填滿

輪廓繡填滿

緞面繡填滿／
1個墊片・3色毛線

緞面繡填滿

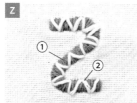

①緞面繡填滿
②疊加平針繡

POINT

以下字母，毛海繡的區
塊需在布框背面拓圖＆
從背面開始下針。

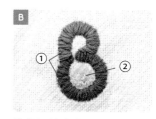

①緞面繡填滿
②毛海繡

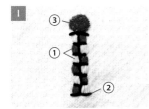

①緞面繡填滿
②平針繡
③毛海繡

①緞面繡填滿
②疊加平針繡
③毛海繡

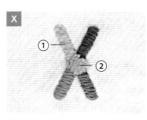

①緞面繡填滿
②毛海繡

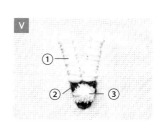

①緞面繡填滿／
　1個墊片・2色毛線
②平針繡填滿
③毛海繡

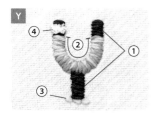

①緞面繡填滿
②緞面繡填滿／1個墊片・2色毛線
③平針繡　④毛海繡

POINT

以下字母，立體繡的區
塊需在布框背面拓圖＆
從背面開始下針。

立體繡填滿／
1個墊片・2色毛線

立體繡填滿／
1個墊片・2色毛線

# 塔羅系列—太陽

[使用材料]
30×40cm布框、
各色繡線·毛線、
圖稿

[使用工具]
繡線刺繡針組、
毛線刺繡針

**拓圖**

將複寫紙有字面朝下放在布框下，先以鉛筆描畫所有圖稿線，拓圖至正面。

接著將複寫紙有字面朝上，放在圖稿與布框中間，描繪要自背面刺繡的圖案（太陽光芒線）。

因牌卡需填滿的面積較大，鏡面內＆鏡面外的區塊將使用平針繡填滿＆緞面繡填滿，可使用鉛筆與尺先劃分好區域，之後再一區塊一區塊地完成刺繡。

**PUNCH NEEDLE**
**繡製臉部五官**

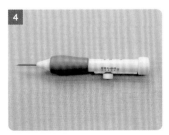

使用繡線刺繡針／003粗針，刻度7。

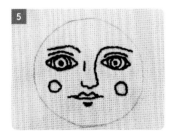

取黑色繡線6股，以平針繡完成五官輪廓線。

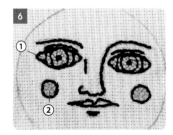

①取藍色繡線6股，以平針繡填滿眼珠。
②取橘色繡線6股，以平針繡由外到內繞圈填滿腮紅。

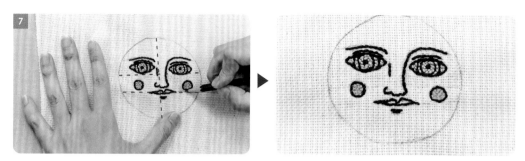

先用鉛筆畫線切割臉頰區域，以便分區域完成刺繡填滿。

▶使用繡線刺繡針／
003粗針，刻度
7，黃色繡線6股。

**PONIT**

觀察圖面，一邊
順著邊線走針，
一邊將細節處先
填滿、框出填色
區塊後，再由外
到內繞圈填滿。

框好填色區塊了！

依分區，先以平針繡框出填色區塊，再以平針繡由外到內繞圈填滿。以相同作法逐一填滿整個臉部。

## 填滿太陽光芒

2個墊片

9

更換成毛線刺繡針／
2個墊片

①取黑色毛線，以平針繡
　完成太陽光芒框線、鏡
　面內外框線、四邊角裝
　飾邊線。

10

更換繡線刺繡針／
003粗針，刻度7

②取橘色繡線6股，以立
　體繡由外到內繞圈，完
　成太陽光芒。

## 填滿其他空白區塊

※同樣使用毛線刺繡針／2個墊片

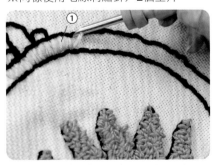

### PONIT

②③分區刺繡填
滿，除了可分次完
成減少時間壓力，
也可為圖面加上紋
路變化之美喔！

①取金黃色毛線，以緞面繡填滿鏡框＆四邊角裝飾。
②毛線更換成淡黃色，以平針繡由外到內繞圈，依P.65 Step 3 畫
　分的區塊填滿鏡面＆四邊角裝飾線。
③毛線更換成青色，在P.65 Step 3 畫分的各區塊中以緞面繡將面
　積填滿。

# 專屬於你的密碼

[使用材料]
4吋繡框、毛線用十字繡布料、
各色毛線、圖稿、皮革條

[使用工具]
毛線刺繡針組
塑膠手縫針

※在此以英文字母
B作示範。

拓圖&
繃繡框

1

在布料上拓圖後，將布料
繃於4吋繡框中。

圖面刺繡

※皆使用毛線刺繡針／
2個墊片

填滿字母

2

使用1條白色毛線，以平針
繡由外到內繞圈填滿，完
成字母或數字。

疊繡字母鏤空處（裝飾圖樣）

 ▶  ▶ 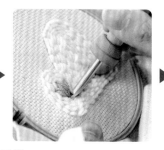 ▶  ▶

3

更換毛線顏色，以平針繡加長短繡，依圖稿完成字母內的裝飾圖樣。

 ▶

填滿底色（外圍空白區塊）

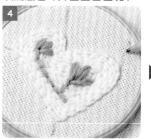 ▶

4

用鉛筆將繡圖以外的留白區域畫線分區後，以平針繡將各
區塊分別由外到內繞圈填滿。

將布料平攤，沿繡框外約**3cm**剪下。

將毛線沿布料圓周外繞一圈剪下 。

毛線穿入塑膠手縫針後，沿繡框外的布料以平針縫繞一圈。

（正面）

再翻至背面拉緊毛線、打結固定，並修剪線頭。

（背面）

包繡框

剪下約**200cm**的毛線（**A**），對摺後穿入塑膠手縫針。

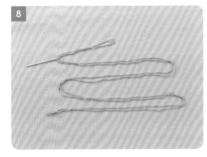

用塑膠手縫針在繡框正面內框處下針，留線尾約**10cm**（A-①）。

10cm
（A-①）

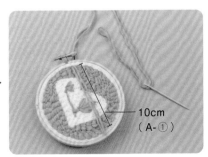

重複下針、繞框的動作，直至毛線剩餘約**10cm**（A-②）。

69

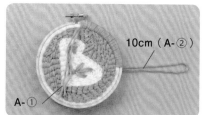
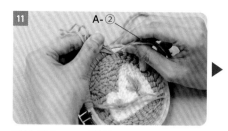

重複動作Step**8**剪毛線＆穿針，
在Step**10**最後一針旁入針。

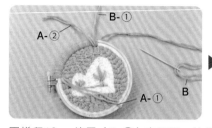
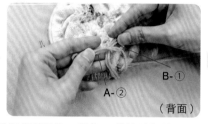

同樣留10cm線尾（B-①）在正面，拉往繡框背面與前一段的A-②餘線打結固定。

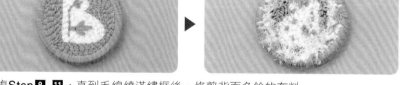

修剪多餘的毛線。

重複Step**8**-**11**，直到毛線繞滿繡框後，修剪背面多餘的布料。

製作流蘇

毛線沿繡框直徑繞約20圈後剪斷並取下。

將20圈的毛線整理成束，
呈長環狀。再剪下2條約2
倍繡框直徑長度的短毛線。

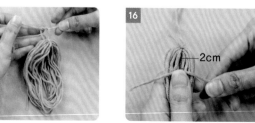
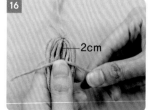

將一條短毛線穿進毛線束A端中，對摺打結固定。

另一條短毛線，在毛線束A端下方約2cm處對摺，並繞圈打
結固定。

將毛線束B端的線圈剪開，修剪成想要的流蘇長度，完成流蘇。

將流蘇擺放在繡框正下方。

將在毛線束A端打結的其中一端線頭穿過塑膠手縫針後，針穿過繡框底部的繞線，將線端拉至繡框背面。

重複Step 19，將另一端線頭也穿縫到繡框背面。

將穿縫到繡框背面的兩端線頭打結、修剪多餘的毛線，完成流蘇固定。

取下繡框五金的螺絲，放入皮革條後重新鎖上，完成。

## ❗ MEMO

●在此僅標示字母鏤空處（裝飾圖樣）的針法，其餘圖面的刺繡作法＆針法，皆與P.68 Step **2**、**4**相同。

●裝飾圖案的針法為平針繡、米字繡、減針米字繡、長短繡、緞面繡及平針繡填滿，可換圖樣自行選擇搭配針法。
　（※有些繡法過程不同，但完成圖案相似。）

●毛線顏色可參考作品圖配色，或選用自己喜歡的顏色。

平針繡　　　　　　長短繡　　　　　　無　　　　　　①平針繡 ②長短繡

長短繡　　　　　　減針米字繡　　　　①平針繡 ②長短繡　　緞面繡

緞面繡　　　　　　緞面繡　　　　　　長短繡　　　　　①平針繡 ②長短繡

減針米字繡　　　　平針繡　　　　　　平針繡　　　　　平針繡

長短繡　　　　　　長短繡　　　　　　平針繡　　　　　①平針繡 ②長短繡

平針繡　　　　　　平針繡　　　　　　長短繡　　　　　①平針繡 ②長短繡

米字繡　　　　　　長短繡　　　　　平針繡填滿　　　　　平針繡

平針繡　　　　　減針米字繡　　　　　長短繡　　　　①平針繡 ②長短繡

①平針繡 ②減針米字繡　　　長短繡　　　　　　平針繡　　　　　　長短繡

# 天使花園杯墊

**[使用材料]**
各色繡線·毛線、圖稿、毛線用十字繡布料24×24cm、硬質不織布、薄布襯

**[使用工具]**
毛線刺繡針組、繡線刺繡針組、手縫針、7吋繡框、白膠、牙籤、便條紙、熨斗、夾子

**全花款**

**拓圖**

① ⑦ ⑥

在布料上拓圖後，圖案置中，將布料用7吋繡框繃起來。

**PUNCH NEEDLE**

**進行刺繡**

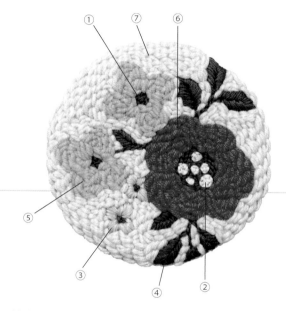

⑤

③

④ ②

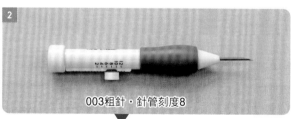

003粗針·針管刻度8

003粗針·針管刻度10

先處理繡線刺繡。

※以下使用繡線刺繡針／003粗針·針管刻度8·繡線6股
　①取褐色繡線，以平針繡填滿5朵花心。
　②在最大的花心上面，取白色繡線以平針繡填滿，繡6個大小不同的圓。
　③取粉紅繡線，以緞面繡繡出2朵小花的花瓣。

※改使用繡線刺繡針／003粗針·針管刻度10·繡線6股
　④取深綠繡線，以緞面繡繡葉子、平針繡繡葉柄（葉柄平針繡2次，增加粗度）。

2個墊片

接著處理毛線刺繡。

※以下使用毛線刺繡針／2個墊片
　⑤取淺藍色毛線，以平針繡填滿藍色花瓣。
　⑥取桃紅毛線，以平針繡由外往內繞圈，填滿大花花瓣。
　⑦其他空白區域，取淺粉紅毛線以平針繡分區填滿（分區作法參照P.65 Step 3）。

背面處理

正面全部繡好後,移除繡框,在背面將過長的線段修剪整齊。

帶膠面

布料背面

布料背面使用熨斗燙貼布襯(20×20cm)。將布襯帶膠面(有點亮亮的)與布料背面對合,蓋住超出圓外圍約1.5-2cm的區域。

將熨斗溫度調整到蒸氣使用,放在布襯上方,平貼刺繡面緩慢移動(只利用熱氣溶化布襯的膠,勿壓)。

無刺繡的區域,直接以熨斗壓燙貼合。

待布襯冷卻後,用手拉布襯或撥布襯檢查是否有黏住。

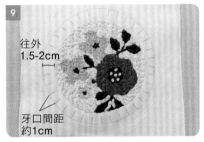

往外
1.5-2cm

牙口間距
約1cm

在繡滿的邊緣往外1.5-2cm,以鉛筆畫出裁切線&間距約1cm的牙口。

牙口剪至
離繡圖
0.5cm

依裁切線剪下&剪牙口後,將白膠塗在牙口靠邊緣處,再將牙口布沿繡圖的圓邊往背面摺,並黏在背面(牙口處理作法參照P.99 Step 10)。

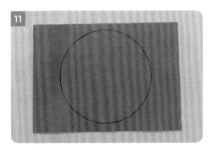

取鉛筆以拓圖方式在不織布上畫出圖稿上的圓,再以布剪將圓剪下。

將Step 10 背面與不織布圓片對齊,以夾子固定。

使用手縫針,以捲邊縫的方式縫合,完成。

花鳥款
·············
拓圖

1

在布料上拓圖後，圖案置中，將
布料用7吋繡框繃起來。

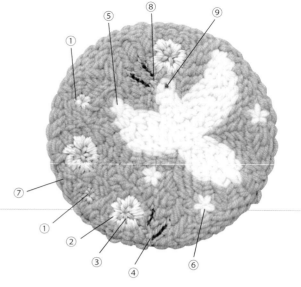

PUNCH NEEDLE
進行刺繡

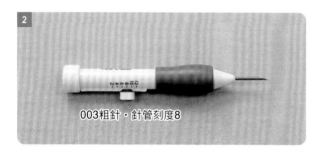

2

003粗針·針管刻度8

先處理繡線刺繡。

※以下使用繡線刺繡針／003粗針·針管刻度8·繡線6股
　①分別取淺粉色、深粉色繡線，以緞面繡繡小花。
　②取淺粉色繡線，以緞面繡填滿大花的花瓣。
　③取深粉色繡線，以減針米字繡填滿大花的花蕊。
　④取淺綠色繡線，以緞面繡－葉形填滿繡葉子。再取深
　　綠色繡線，以平針繡繡葉脈。

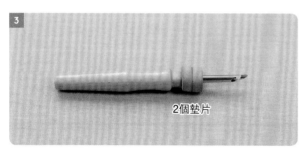

3

2個墊片

接著處理毛線刺繡。

※以下使用毛線刺繡針／2個墊片
　⑤取乳白色毛線，平針繡填滿白鳥圖案。
　⑥取乳白色毛線，以減針米字繡繡小白花。
　⑦其他空白區域，取淺藍色毛線以平針繡分區填滿
　　（分區作法參照P.65 Step 3 ）

4

003粗針·針管刻度8

最後處理細節的繡線刺繡。

※以下使用繡線刺繡針／003粗針·針管刻度8·繡線6股
　⑧取深粉色繡線，以緞面繡填滿鳥嘴。
　⑨取深綠色繡線，以結粒繡繡眼睛。

背面處理

後續作法同全花款Step 4 - 13 。

76

# 聖誕花圈

[使用材料]

毛線用十字繡布料45×45cm、
各色毛線、10吋‧4吋繡框、
皮革條、圖稿

[使用工具]

毛線刺繡針組、
塑膠手縫針、白膠、
牙籤、便條紙

拓圖&
繃繡框

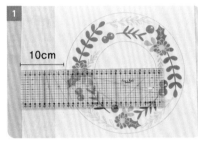

將圖稿置中，以圖稿上的花圈外框為
基準，四邊向外各預留約10cm的
布，並用紙膠帶固定圖稿於布料上。

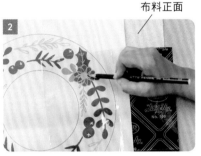

在正面拓圖。將複寫紙的有字面朝
上、放在圖稿&布料中間，透明PPT
袋放在圖稿上，再以鉛筆描花草圖。

在背面拓圖。將複寫紙的有字面朝下、放置在布料下，透明PPT袋放在圖稿上，
再以鉛筆描繪內圍&外圍（務必確認有清楚地複寫到布料上）。

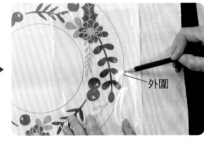

拿掉圖稿紙，沿外圍向外加7cm，畫
一個圓為縫份。

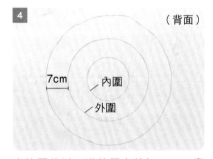

對齊內圍位置，將4吋繡框的內框放
置布料下、套上外框，把布繃緊。

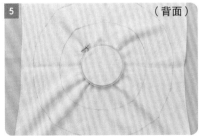

對齊外圍位置，將10吋繡框的內框放置布料上、外框放置布料下，套合繡框，再
翻至正面把布繃緊。

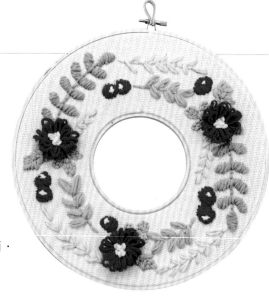

7　使用毛線刺繡針／2個墊片，依紙型A面・
　原寸刺繡圖案標示的繡法完成繡圖。

**重點圖案繡法**

| ① **葉** 緞面繡 ＋ 平針繡 | 葉子・緞面繡  | 莖・平針繡  | 挑蓬葉子  |
|---|---|---|---|
| ② **花蕊** 平針繡 | 繡十字  | 從背面拉起迴圈  | 正面的花蕊下凹，與紅花呈現高低立體感  |
| ③ **立體大花 花瓣** 緞面繡 ＋ 挑外圈毛線 （參照P.99・Step **6**-**7**） | （正面） 緞面繡 挑外圈毛線  | 按住內圈， 避免脫線  |  |
| ④ **立體大花 花蕊** 立體繡 | （背面）  | （背面） 在布料的背面起針  | （正面）  |

78

翻到背面整理過長的毛線。

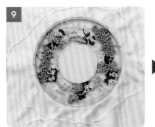

1-1.5cm

任選一色毛線剪下約縫份圈的周長。毛線穿過塑膠針，沿縫份圈平針縫一圈，針鉅約1-1.5cm。

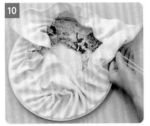

線頭、線尾一起拉緊，將布料皺褶整理整齊後，打結固定。

在4吋繡框內，先點出數個距邊2cm的點，再將點連接成圓。

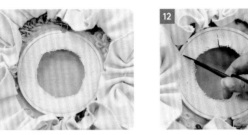

以剪刀沿線剪出鏤空。

將內圈預留的布剪牙口。

在4吋繡框外圍塗上白膠。

將剪好的牙口摺往外繡框貼好。

沿著小繡框外圍裁剪多餘的布料。

取下繡框五金的螺絲，放入皮革條後重新鎖上，完成。

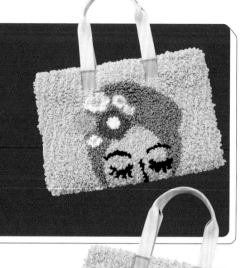

## ·06·

原寸紙型C面

# 嬌嬌女王手提包

**[使用材料]**

各色毛線、圖稿、毛線用十字繡布料
45×45cm、繡線用胚布料40×29cm、
薄布襯、手縫線、手提織帶、插入式磁釦

**[使用工具]**

毛線刺繡針組、
7吋繡框、手縫針、
大頭針數支、熨斗

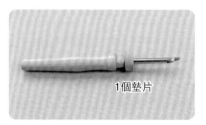

1個墊片

## ⚠ MEMO

- ●表布使用毛線用十字繡布料45×45cm，共準備2片（A表布・B表布）。
- ●裡布使用繡線用胚布料40×29cm，共準備2片（A裡布・B裡布）。
- ●此作品皆使用毛線刺繡針・1個墊片。

拓圖

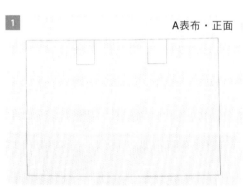

**1** A表布・正面

**2** A表布・背面

先取A表布，在正面拓圖，描出手把方框＆包包外邊框。

在A表布背面拓圖，描出圖稿所有線條。

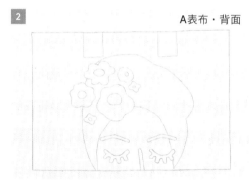

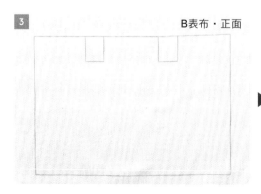

**3** B表布・正面

B表布・背面

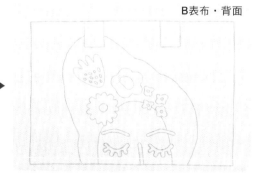

在B表布拓圖，作法同Step **1**-**2**。

A表布・背面

A表布・正面

將拓好圖的A表布，局部繃上7吋繡框，分區進行刺繡。

此作品皆依區域＆顏色，更換毛線顏色後，以立體繡填滿區域。

❶ 刺繡順序： 花朵→頭髮→眉毛→鼻子→眼部→臉部→周圍區域

❶ 刺繡過程注意事項：

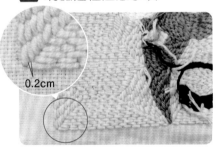
0.2cm

注意邊框處繡好的線

①區域填滿皆由外到內繞圈，圈與圈的距離約0.2cm勿推擠，刺繡作品才不會變形。
②頭髮、臉部、周圍區域範圍較大，可先在區域內區分幾個區塊，依序填滿。

③繡框內區域繡滿、要移動繡框位置時，繃框需注意勿拉出已繡好部分的線。

④繡眼部＆睫毛的針距要短，圖案才會明顯。

⑤因是以立體迴圈的表現面為正面，相鄰2色毛線若因交錯位置而看不清線條，將其整理分開即可。

6　B表布也以Step 4 - 5 相同作法，依區域顏色分別繡好。

在繡好的表布背面燙襯

在繡好的 A 表布背面，以熨斗燙貼布襯（41×30cm，蓋住含邊框線外1.5-2cm左右的區域）。
※熨燙刺繡面時，平貼刺繡面緩慢移動（讓熱氣溶化布襯的膠，勿壓）。無刺繡的區域，直接以熨斗壓燙。

待布襯冷卻後，用手拉布襯或撥布襯檢查是否有黏住。

9 繡好的B表布也以Step 7 - 8 相同作法，在背面燙貼布襯。

縫上手提織帶

## 11

先取一條手提織帶，將兩端的皮片放在A表布正面方框內，迴針縫上邊，暫時固定。

將手提織帶的附線剪下100cm、穿過手縫針，以迴針縫沿著皮片四邊洞口縫合兩皮片。
※另一條手提織帶，同Step 10 - 11 作法，將皮片縫在B表布正面方框內。

準備A‧B裡布

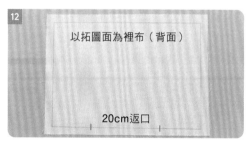

以拓圖面為裡布（背面）

20cm返口

在A裡布的其中一面拓圖（無分正反面），描出外邊框線條後，在下方中間留20cm作為返口。
※B裡布作法亦同。

2cm
中心點

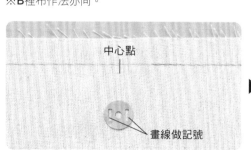

中心點

畫線做記號

磁釦位置記號

在A裡布的拓圖面，距上邊2cm、水平位置的中間點，放上磁釦。再在左右兩邊的方框內畫線做記號。※B裡布作法亦同。

**縫合
A表裡布
B表裡布**

先將A表布的手提織帶往表布正面摺放。

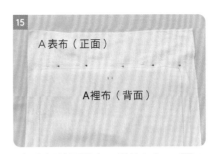

A裡布框線面朝上，疊放在Step **14** A表布上。對齊A表布與A裡布邊框線後，以大頭針固定。

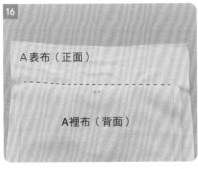

取手縫針，以平針縫縫合提把上邊的邊框線。

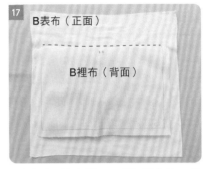

B表布與B裡布同Step **14**-**16** 作法，縫合提把上邊的邊框線。

**縫合
A・B布**

翻起A・B裡布，使A・B表布正面相對，對齊邊框＆以大頭針固定。再取手縫針以平針縫縫合剩餘的三邊。

※A・B表布正面的毛線迴圈要撥到同一邊避開，再以大頭針固定。

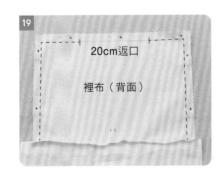

A・B裡布正面相對，對齊邊框＆以大頭針固定。再取手縫針以平針縫縫合剩餘的三邊（返口位置先不縫合）。

**安裝磁釦**

20 A裡布（背面）

抓起A裡布，剪開磁釦墊片的位置記號。

21 A裡布（背面）　A裡布（正面）

將凹面磁釦從返口放入，磁釦針對齊Step **20** 剪開的2道開口，再將墊片方框套入磁釦針。

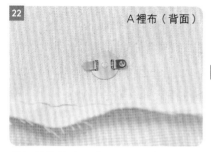

22 A裡布（背面）　燙貼布襯5×3.5cm

磁釦針往墊片兩邊壓平，再加燙貼布襯5×3.5cm，增加穩固性及防止戳到。

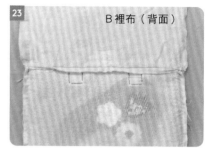

23 B裡布（背面）

另一個凸面磁釦放在B裡布，作法同Step **20**-**22**。

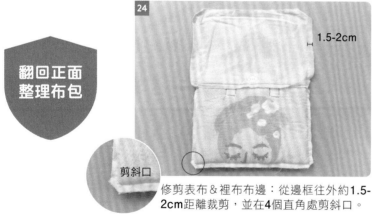

24　　　　　　　　　　　1.5-2cm

剪斜口

修剪表布＆裡布布邊：從邊框往外約1.5-2cm距離裁剪，並在4個直角處剪斜口。

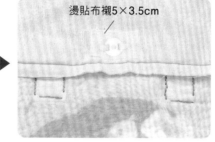

25

從裡布返口將布包翻面。

**翻回正面整理布包**

拉出表布，整理成圖示模樣。

26 縫合返口

取手縫針，以藏針縫縫合返口。

27　　　　　　　　　0.5cm

將裡布收入表布內後，在距離包包開口邊緣0.5cm處，取手縫線以半迴針縫縫一圈，讓袋口更平順。

★★☆☆☆
·07·

# 暖暖小配飾

a
b
c
d

[使用材料]

繡線用胚布料15×15cm、
各色繡線、硬質不織布、
寬2cm別針、圖稿、直徑
25mm塑膠環

[使用工具]

繡線刺繡針組、
4吋繡框、手縫針、
白膠、牙籤、便條紙

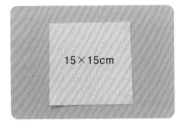

15×15cm

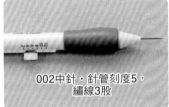

002中針・針管刻度5，
繡線3股

## ⚠ MEMO

● 此系列作品布料使用繡線用胚布料15×15cm。
● 若無特別標示，都使用繡線刺繡針／002中針・
　針管刻度5，繡線3股。

a.溫暖的
手繡帽
················
拓圖＆繃繡框

1

（正面）

在布料正面拓圖。複寫紙（有字面朝上），夾在圖稿＆布料之間，以鉛筆描繪線條。

2

（背面）

布料背面拓圖。將複寫紙（有字面朝下）改到布料下方，以鉛筆將圖案中的圓
（毛海繡的區塊）描一遍。

3

繃繡框。

85

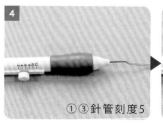

**PUNCH NEEDLE**
**進行刺繡**

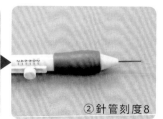

④針管刻度5
①③針管刻度5

②針管刻度8

※①繡線為藍色。

①取藍色繡線，以緞面繡填滿帽圍。
②同樣取藍色繡線，但刺繡針針管刻度調為8。
　以緞面繡-葉形填滿，繡出帽身花樣。
③圓球的區域，取桃紅色繡線以立體繡（從背面
　下針）填滿。

**背面處理**

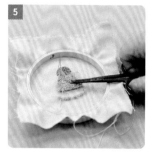

翻到背面，將線頭剪齊。

在刺繡圖案邊緣往外0.7cm
處，畫出裁切線與牙口位
置（距離繡線0.2cm），牙
口間距約0.5cm。

0.7cm
0.5cm
0.2cm

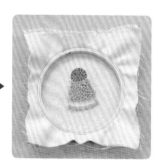

依裁切線剪下，並剪出牙口。

在布料背面，以牙籤沾白
膠，塗抹在牙口邊緣處。

沿著邊緣線將布料往內摺
並黏住。

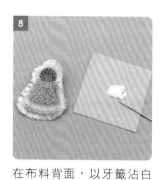

將帽子圖稿的輪廓，拓圖
到10×10cm不織布上。

依輪廓剪下。

布料&不織布對齊後，進
行縫合或黏合。

86

①縫合版：使用手縫針，以捲邊縫合。

②黏合版：在布料背面塗滿白膠黏合，邊緣處可視黏合狀況再補一些白膠，以免翹邊。

13

別針開口朝下

在中偏上的位置，以白膠黏合別針。

完成

**b.我的毛衣**

拓圖&繃繡框

1

在布料正面拓圖後，繃上繡框。

**PUNCH NEEDLE**

**進行刺繡**

2

①取藍色繡線，緞面繡填滿領子&袖口。
②取淺粉繡線，以平針繡由外到內繞圈填滿。
③取淺粉繡線，以緞面繡－葉形填滿，繡出花樣。
④取淺粉繡線，以緞面繡平行填滿。
⑤兩邊袖子，以緞面繡－葉形填滿，繡出花樣。

**背面處理**

同帽子作法
Step **5** - **13**。

3

①剪下繡圖&剪牙口。

袖子與衣身要仔細剪開

袖子與衣身要黏摺清楚

②黏份布料收邊處理。

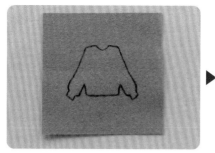 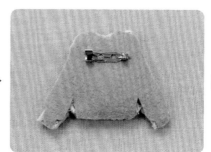 

③加上不織布襯底&黏合別針。

**c.你送的外套**
拓圖&繃繡框

在布料正面拓圖後，繃上繡框。

**PUNCH NEEDLE**
**進行刺繡 & 背面處理**

2  同b.我的毛衣作法，刺繡順序：
　①取淺粉繡線，以緞面繡填滿領子、胸前開口跟袖口。
　②取淺藍繡線，以結粒繡繡扣子。
　③取淺藍繡線，以平針繡由外到內繞圈填滿。
　④取淺藍繡－葉形填滿，繡出花樣。

3  同b.我的毛衣Step 3 作法，完成背面處理。

**d.裝滿愛
的包包**
拓圖&繃繡框

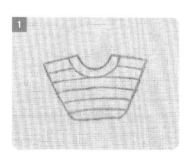

在布料正面拓圖後，繃上繡框。

**PUNCH NEEDLE**
**進行刺繡**

2  取灰色繡線，依圖稿線條方向，以緞面繡－葉形填滿，繡出包身花樣。

注意各段的葉形填滿
走針方向不同

將塑膠環放在包口圓凹處，取1股100cm白色繡線，穿過手縫針後對摺打結，以手縫針繞縫下半圓。

背面處理

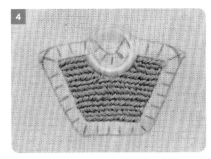

畫裁切線&牙口後，剪下。（同帽子作法Step**5**-**7**）

黏份布料收邊處理（同帽子作法Step**8**-**9**）。

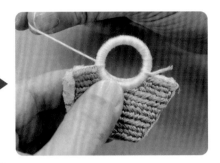

取一條白色繡線，起頭留1cm在背面。以手將線繞滿透明塑膠環上半圓，結尾亦留1cm。

在布料背面塗滿白膠，起頭&結尾1cm線黏在塗膠的布料上。

加上不織布襯底&黏合別針（同帽子作法Step**10**-**13**）。

# 沖浪裏富士山

[使用材料] | [使用工具]
25×25cm布框、各色毛線·圖稿 | 毛線刺繡針組

**!** 欣賞作品

※請依基本技巧＆針法，進行描圖，依繡圖標示針法＆繡線進行刺繡。
※皆使用毛線刺繡針／2個墊片。

# 葛飾北齋
# 神奈川沖浪裏

[使用材料] | [使用工具]
繡線用棉布、各色繡線、圖稿 | 繡線刺繡針組、6吋繡框

※請依基本技巧＆針法，進行描圖、繃繡框後，依繡圖標示針法＆繡線進行刺繡。
※皆使用繡線刺繡針／001細針·針管刻度7，繡線2股。

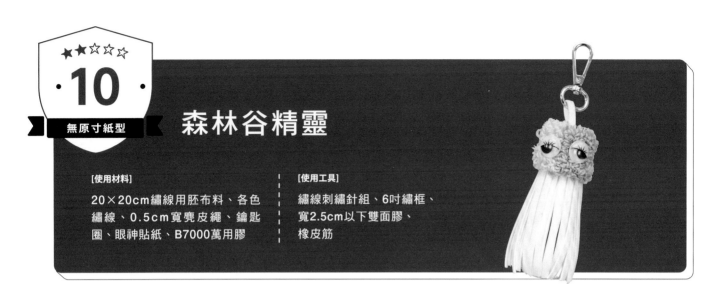

# 森林谷精靈

[使用材料]

20×20cm繡線用胚布料、各色繡線、0.5cm寬麂皮繩、鑰匙圈、眼神貼紙、B7000萬用膠

[使用工具]

繡線刺繡針組、6吋繡框、寬2.5cm以下雙面膠、橡皮筋

製作組件A

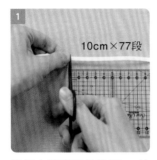

將麂皮繩剪下長度10cm的短繩線，共77段。

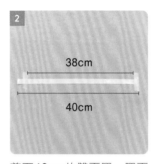

剪下40cm的雙面膠，膠面朝上並於中間保留38cm後，於雙面膠左右各貼一段紙膠帶固定於桌面。

將76段麂皮繩齊頭貼於雙面膠上。

剪一段1cm的雙面膠，貼於最右上方。

把最後一段麂皮繩對摺後，套入鑰匙圈。

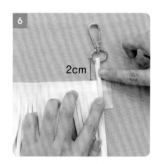

將Step **5** 繩頭約2cm處貼在Step **4** 雙面膠處。

手指需用點力道

移除紙膠帶後，從右邊撕開一些離型紙，慢慢地捲起來。

  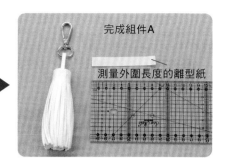

完成組件A

測量外圍長度的離型紙

將捲好的麂皮繩外貼一圈雙面膠，並撕下離型紙丈量外圍長度。

製作
組件B

8.5cm

2.5cm

在胚布上畫一個2.5×Step **8** 外圍長度（8.5cm）的長方形。

如果採用多色的設計，可在長方形內平均或按自己喜好分配刺繡線的顏色區塊。（單色則不用）

取長方形外約1cm的距離，以鉛筆畫一虛線外框為裁切線。

**PUNCH NEEDLE**
**進行刺繡**

繃布料於繡框中。

使用繡線刺繡針／003粗針，刻度7，繡線6股。

以此為背面

以此為正面

按區塊更換喜好的繡線顏色，在長方形框線內完成立體繡。

（正面）

將布拆下繡框，以剪刀沿裁切線剪下布料，並在四角剪斜口。

 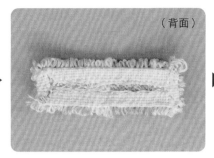

（背面）

完成組件B

將布料的四邊沾萬用膠-B7000後，往背面方向摺並黏緊。

進行
組合＆裝飾

將組件B沿組件A外圍繞圈，如果過長可修剪以符合外圍。

將組件B塗膠後，沿著組件A外圍貼上。　接合的邊端可塗膠加強黏接（若有修　圈上橡皮筋幫助定型，靜置待乾。
　　　　　　　　　　　　　　　　　　剪，也可防止虛邊脫線）。

黏牢乾固後，移除橡皮筋，再沾膠黏　依自己的喜好修剪麂皮繩的長度。
上眼神貼紙。

# 小後院／西瓜皮椒草

[使用材料]

各色繡線、不織布、鐵絲、陶盆（盆寬6.5×高6×底徑4cm）、直徑4.2cm保麗龍球半顆、彩色陶粒少許（5-6mm）、圖稿

[使用工具]

繡線刺繡針組、手縫針、4吋繡框、夾子、可剪斷鐵絲的大剪刀、尖嘴鉗＆斜口鉗（可利於製作作品）

## 拓圖＆ 繃繡框

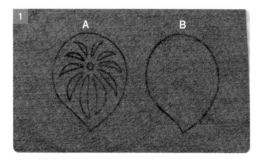

在不織布上拓圖。

※圖稿配布位置須考量繡框大小，將要繡的主圖（A葉片），擺放在不織布中間。B葉片則可安排在不織布的角落，較省布。

將畫好的A葉片置中放在繡框中繃起來。

## PUNCH NEEDLE
## 進行刺繡

使用繡線刺繡針／001細針・針管刻度7，米白色繡線2股。

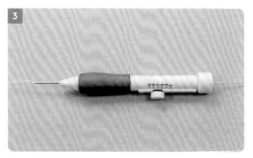

以緞面繡填滿區塊。

製作葉片

裁切線

沿著裁切線剪下不織布A‧B葉片。

開口約2-3cm

對摺B葉片，以布剪於中間剪一道開口。

對齊A‧B葉片，以夾子固定。

手縫針穿入1股綠色繡線，以捲邊縫
將A‧B葉片沿邊縫合。

以鉛筆壓住鐵絲頂端，將鐵絲繞鉛筆
捲1圈。

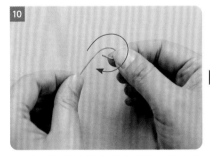

再以手將鐵絲往內繞2-3圈，捲出約
2cm左右的圓片。

將捲好的圓片放入B葉片開口處。

以B7000膠黏固定圓片，再使用手縫針以捲邊縫縫合開口。

鐵絲折出一個弧度後，以大剪刀修剪鐵絲長。
※或使用斜口鉗，更可輕易地剪斷鐵絲。

以相同作法，製作數根大、中、小
西瓜皮椒草。

組合西瓜皮
椒草盆栽

平面朝上

將半顆保麗龍球塗B7000膠（或白膠），放入陶盆中固定。

將西瓜皮椒草叉在保麗龍球上，調整角度後放置裝飾土及彩色陶粒。

★☆☆☆☆

## 12

原寸紙型D面

# 小後院／彩葉芋
（粉紅色底·綠色底）

**[使用材料]**

各色繡線、不織布、鐵絲、陶盆（盆寬6.5×高6×底徑4cm）、直徑4.2cm保麗龍球半顆、裝飾土或彩色陶粒少許（5-6mm）、圖稿

**[使用工具]**

繡線刺繡針組、手縫針、6吋繡框、夾子、尖嘴鉗、可剪斷鐵絲的大剪刀、尖嘴鉗＆斜口鉗（可利於製作作品）

●以下主要以粉紅色底的彩葉芋葉片進行示範，綠色底葉片只需更換不織布顏色和繡線顏色，作法步驟皆相同。

---

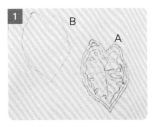

### 拓圖＆繃繡框

同西瓜皮椒草Step **1**-**2** 拓圖＆繃繡框。

**PUNCH NEEDLE**

**進行刺繡**

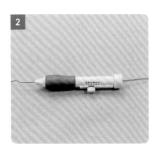

▶使用繡線刺繡針／001細針·針管刻度7，綠色繡線2股。

---

以緞面繡填滿區塊。

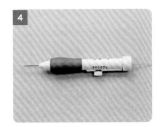

換線，繡線刺繡針穿入2股淺綠色繡線。

以輪廓繡繡葉脈，從中間的長葉脈開始繡，再繡左右兩邊的短葉脈。

---

### 製作葉片

同西瓜皮椒草Step **5**-**13**，製作數枝粉紅色底·綠色底的彩葉芋葉片。
※縫合粉紅色底A·B葉片時，使用1股粉紅色繡線。縫合綠色底A·B葉片時，使用1股綠色繡線。

### 組合彩葉芋盆栽

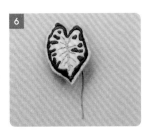   

同西瓜皮椒草Step **14**-**15**，搭配粉紅色底·綠色底的彩葉芋葉片，叉在保麗龍球上，調整角度及放置裝飾土或彩色陶粒。

# 小後院／陽光向日葵
## （大·小）

[使用材料]
毛線用十字繡布料、各色毛線·繡線、
硬質不織布、花藝鐵絲#2

[使用工具]
毛線刺繡針組、夾子、圓規、
手縫針、牙籤、白膠、尖嘴鉗

●以下主要以大向日葵進行示範。

拓圖&
繃繡框

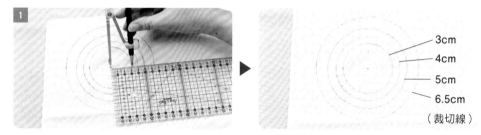

3cm
4cm
5cm
6.5cm
（裁切線）

在毛線用十字繡布料上標示出中心點後，以圓規畫出3cm、4cm、5cm、6.5cm半徑的圓形。
※6.5cm半徑的圓形為裁切線。

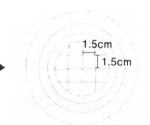

1.5cm
1.5cm

在圓的中心點畫出十字位置後，繪製1.5×1.5cm的正方形。

將畫好的圖置中放在繡框中繃起來。

**PUNCH NEEDLE**
**進行刺繡**

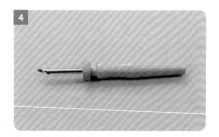

使用毛線刺繡針／1個墊片。

取咖啡色毛線，從中心開始進行緞面繡。
※相鄰方格的緞面繡走向為橫、直交錯，使花蕊呈紋路變化。

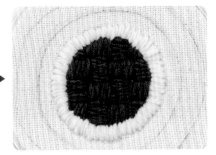

取米黃色毛線，以緞面繡填滿第二圈。

外圍的線被挑至正面了

（正面）

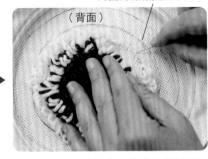
（背面）

（正面）

一手壓著Step **6** 內圈固定，一手將外圍的毛線以手縫針挑起來，作出立體線圈。

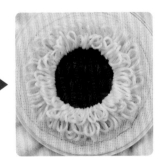

換黃色毛線，依Step **6** - **7** 繡製第三圈。

手壓住第二圈挑好的毛線。

再壓住黃色緞面繡的內圈，以手縫針挑外圍毛線。

加上花莖

完成後沿著裁切線剪布，在縫份上每隔1-2cm剪牙口。

翻到背面，以牙籤沾白膠塗抹在牙口處，沿著邊緣線將布料往內摺並黏住，可用夾子加強固定。

11 以圓規在不織布上畫出半徑4.3cm圓，裁切下來。

12 對摺不織布，剪一道開口。

13 對齊布料＆不織布，以夾子固定。

14 手縫針穿入1股咖啡色繡線，以捲邊縫將布料‧不織布沿邊縫合。

15 以尖嘴鉗夾住鐵絲頂端，將鐵絲捲1圈。

16 以尖嘴鉗將鐵絲往內繞2-3圈，捲約2cm左右圓片。

17 將捲好的圓片放入不織布開口處，以B7000膠黏固定圓片，並使用手縫針以捲邊縫縫合開口。

18 鐵絲折出一個圓弧。

小向日葵

小向日葵僅變更尺寸，其餘作法步驟皆與大向日葵相同。

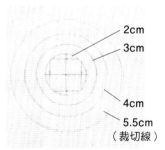

①畫圓形半徑2cm、3cm、4cm、5.5cm，共四圈。
　花蕊的分區方格邊長為1.5×1.5cm。
※5.5cm半徑的圓為裁切線。

2cm
3cm
4cm
5.5cm
（裁切線）

②不織布圓片半徑為3cm。

## ★★☆☆☆
## ·14·
原寸紙型D面

# 梵谷向日葵畫

**[使用材料]**
30×40cm布框、各色毛線、圖稿

**[使用工具]**
毛線刺繡針組

拓圖&
繃繡框

將向日葵花的圖稿剪下，隨自己的心意擺放，並以紙膠帶固定在布框背面。以下以例2的擺放進行示範。

PONIT

正面拓好的圖會與此時看到的圖左右相反喔！

圖稿上方疊放透明PP袋，複寫紙有字面朝下放在布框下，描繪正面刺繡的圖案。

圖稿的安排有兩朵花重疊時，可選擇圖稿放置上方的線條複寫。

（正面）

取出複寫紙，改為有字面朝上放在圖稿&布框中間，以鉛筆描繪向日葵花蕊於布框背面。

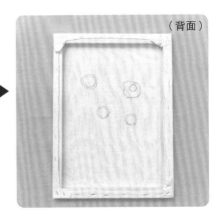

（背面）

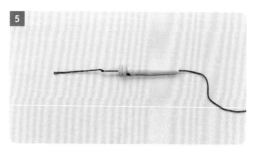

使用毛線刺繡針／2個墊片・巧克力色毛線1條。

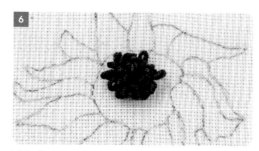

以立體繡填滿花蕊。

準備三種不同深淺的黃色系毛線備用。

（背面）

（正面）

使用毛線刺繡針／1個墊片・黃色2號毛線，在咖啡色花蕊外圍進行立體繡，使立體繡的毛圈可蓋住花瓣內圍線即可

●使用毛線刺繡針／2個墊片・變換三色毛線，分配花瓣配色，進行填繡。

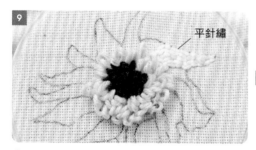

平針繡

①換上黃色毛線3號，選花瓣使用平針繡填滿。

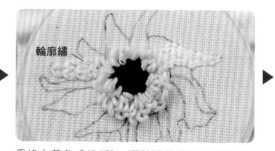

輪廓繡

②換上黃色毛線2號，選花瓣使用輪廓繡填滿。

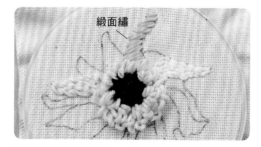

緞面繡

③換上黃色毛線1號，選花瓣使用緞面繡填滿。

重複Step **9**，將其他花瓣利用3種繡法、顏色交替填繡，使向日葵花瓣加上色彩及層次變化。

11

使用毛線刺繡針／2個墊片，乳白色毛線1條，
以平針繡將花瓶的陰影填滿。

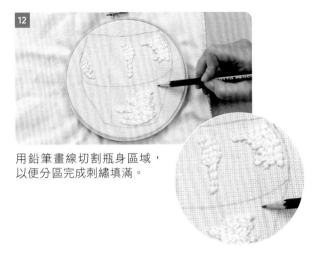

12

用鉛筆畫線切割瓶身區域，
以便分區完成刺繡填滿。

13

花瓶上半部使用水藍色毛線，下半部使用湖藍
色毛線，依Step**12**的分區以平針繡填滿。

**背面處理**

14

翻到布框背面，將過長的毛線修剪整齊。

▼

**完成**

# 隨心繡畫創作

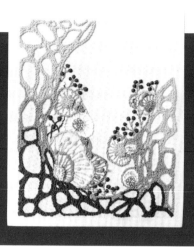

[使用材料]
40×50cm布框、各色毛線

[使用工具]
毛線刺繡針組、穿線片、白紙、紙膠帶、鉛筆、色鉛筆

A圖形

B圖形

C圖形

## ◀ 先從認識＆練習三種花樣圖形開始吧！ ▶

按以上步驟順序，練習基礎圖形至熟悉、掌握以上三種圖形的畫法後，就可以自由設計出變化無窮的夢幻美圖。

由ABC圖形組合為作品圖。

## 設計圖稿

※以下示範圖稿與收錄作品不同，除了提供參考之外，也希望你能從中體會到此作品「隨心創作」的主題精神。

**1**
將空白紙裁剪黏貼成與布框內框等大的尺寸。依A圖形畫法，以鉛筆任意畫約1/3面積的自由格線，每格間距約3-5cm不等。

**2**
在框格內的四周邊角加上弧線，使框格都變成圓角狀。

**3**
視布框大小，依B圖形畫法，在格線區外側的空白處加上數個約3-5cm直徑的不規則半圓線。

**4**

在半圓線外增加1-2條外圈線。

**5**

以最小的半圓中心向外圈畫直線，在線上或線尾加多個約0.5cm實心圓點。

**6**

在較大的圓角框格內，加上不規則的圓形線，數量可以自行決定。

**7**

在半圓外圈線外畫Y形線，並繼續延伸多個Y。

**8**

在Y形線尾畫上約0.5cm實心圓點。完成後，增減圖稿的圖形內容，以確認視覺平衡及作品完整。

**構思配色**

※圖樣可區分為圓角框格、最小半圓、半圓外圈線、Y形線、實心圓點。

### 圓角框格

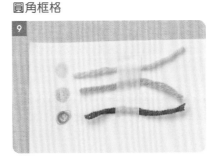

**9**

挑選3色毛線，貼在設計圖一角，並畫上與毛線顏色相近的色鉛筆顏色。

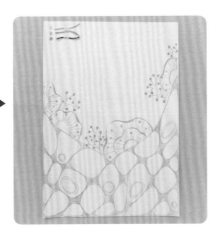

**10**

選一毛線為圓角框格的主色，約佔框格2／3面積。

### 最小半圓、半圓外圈線、Y形線

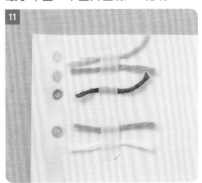

**11**

再挑選另兩色毛線、色鉛筆，同樣標示在圖紙左上角。

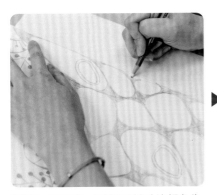

剩下1／3面積，以另兩種毛線顏色為輔色搭配。

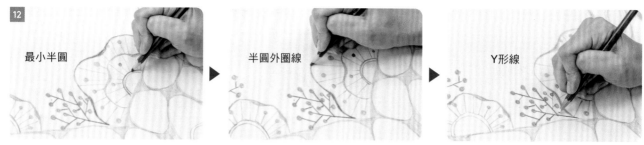

最小半圓、半圓外圈線、Y形線，每一圖樣搭配一種毛線顏色。

**實心圓點**

實心圓點可重複使用毛線顏色或另外
搭配。

完成圖稿上色，並確認圖稿色系。

**PUNCH NEEDLE**
**拓圖 & 刺繡**

●此作品皆使用毛線刺繡針／2個墊片，進行刺繡。

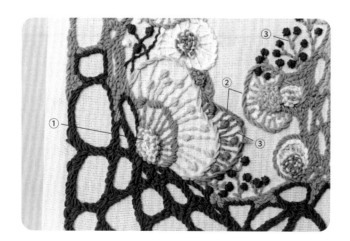

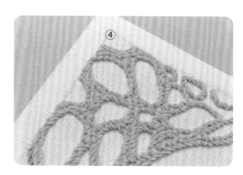

在布框正、反面完成拓圖後，開始進行刺繡。刺繡建議順序：
①從布框背面，依配色以【立體繡】由外到內繞圈填滿半圓形及圓形面積。
②從布框正面，依配色以【輪廓繡】走線方式，完成半圓形及圓形外圈線。
③從布框正面，依配色以【平針繡】完成半圓內的放射狀線及Y形線。
　依圖的長短，可能1針就要剪線，可能3-4針才剪。

④從布框正面，依配色以【輪廓繡】先完
　成半圓形及圓形外圈線，再來回填滿完
　成圓角框格面積。

**!** 刺繡過程注意事項：輪廓繡前進或退後的針距也可不受半步的限制。

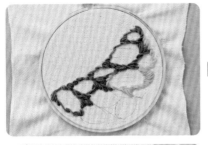 ▶  ▶

 ▶  ▶

 ▶

修整布框背面線尾長度，完成作品。

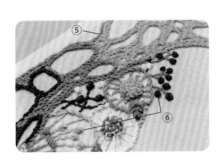

⑤更換為輔色毛線，在圓角框格的
　單一側面，以【輪廓繡】沿圓角
　框格走線增加豐富層次。
⑥依配色以【結粒繡】完成每一實
　心圓點。

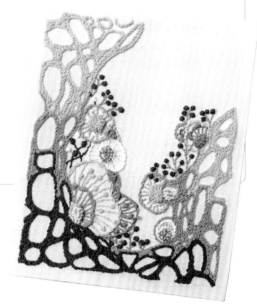

**!** 欣賞作品

隨意創作變化都好看！

107

# 俄羅斯刺繡的美感生活
## 用一枝筆型工具，自由創作不思議繡畫＆裝飾小配件

作　　　　者／DIY School 手作體驗
發　行　　人／詹慶和
執 行 編 輯／陳姿伶
編　　　　輯／劉蕙寧・黃璟安・詹凱雲
執 行 美 術／韓欣恬
美 術 編 輯／陳麗娜・周盈汝
攝　　　　影／Muse Cat Photography 吳宇童
出　版　　者／雅書堂文化事業有限公司
發　行　　者／雅書堂文化事業有限公司
郵政劃撥帳號／19452608
戶　　　　名／雅書堂文化事業有限公司
地　　　　址／220新北市板橋區板新路206號3樓
電　　　　話／(02)8952-4078
傳　　　　真／(02)8952-4084
網　　　　址／www.elegantbooks.com.tw
電 子 信 箱／elegant.books@msa.hinet.net

2024年2月初版一刷　定價480元

經銷／易可數位行銷股份有限公司
地址／新北市新店區寶橋路235巷6弄3號5樓
電話／(02)8911-0825　傳真／(02)8911-0801

國家圖書館出版品預行編目(CIP)資料

俄羅斯刺繡的美感生活 / DIY School 手作體驗著；
-- 初版. -- 新北市：雅書堂文化事業有限公司，
2024.02
　面；　公分. -- (愛刺繡；31)
ISBN 978-986-302-700-3 (平裝)

1.CST: 刺繡 2.CST: 手工藝

426.2　　　　　　　　　　　113000556

情境圖拍攝場地
植日影像A.plantday
⬤ 植日影像 A.plantday 粉絲專頁

PUNCH
NEEDLE!

# Together is Better !

## 一起玩，才好玩！

從2006年開始，我們一路從社區大學認識許多手作同好，期間舉辦了許多好玩的活動與課程，【一起玩，才好玩】是我們的中心理念。所以在過程中，我們尋找手作同伴並培訓老師，讓做手工藝不再是興趣，而是一種生活風格的展現！

如今，除了線上、線下手作課程之外，DIY School也即將開啟手作創業家與募資計畫。喜歡手作的你，歡迎跟著我們一起打造斜槓事業！

**DIY School 手作體驗官網**
手作課程報名／材料包購買／
更多手作新消息

**DIY School 手作體驗 ×
OMIA線上課程**

PUNCH NEEDLE

PUNCH NEEDLE